SCIENTIA
Novembre 1907.

PHYS.-MATHÉMATIQUE
n° **23**.

LA

THÉORIE DE MAXWELL

ET LES

OSCILLATIONS HERTZIENNES.

——

LA TÉLÉGRAPHIE SANS FIL.

PAR

H. POINCARÉ.

——

TROISIÈME ÉDITION.

Scientia, n° 23.

TABLE DES MATIÈRES.

Chapitre XV. — *Applications de la télégraphie sans fil.*

LA THÉORIE DE MAXWELL

ET

LES OSCILLATIONS HERTZIENNES.

LA TÉLÉGRAPHIE SANS FIL.

CHAPITRE PREMIER.

GÉNÉRALITÉS SUR LES PHÉNOMÈNES ÉLECTRIQUES.

---

1. Tentatives d'explication mécanique. — Donner des phénomènes électriques une explication mécanique complète, réduisant
les lois de la Physique aux principes fondamentaux de la Dynamique, c'est là un problème qui a tenté bien des chercheurs.
N'est-ce pas cependant une question un peu oiseuse et où nos
forces se consumeraient en pure perte?

Si elle ne comportait qu'une seule solution, la possession de
cette solution unique, qui serait la vérité, ne saurait être payée
trop cher. Mais il n'en est pas ainsi : on arriverait sans doute à
inventer un mécanisme donnant une imitation plus ou moins
parfaite des phénomènes électrostatiques et électrodynamiques.
Mais, si l'on peut en imaginer un, on pourra en imaginer une
infinité d'autres.

Il ne semble pas d'ailleurs qu'aucun d'entre eux s'impose jusqu'ici à notre choix par sa simplicité. Dès lors, on ne voit pas bien
pourquoi l'un d'eux nous ferait, mieux que les autres, pénétrer
le secret de la nature. Il en résulte que tous ceux que l'on peut
proposer ont je ne sais quel caractère artificiel qui répugne à la
raison.

L'un des plus complets avait été développé par Maxwell, à une
époque où ses idées n'avaient pas encore pris leur forme définitive.

La structure compliquée qu'il attribuait à l'éther rendait son système bizarre et rébarbatif ; on aurait cru lire la description d'une usine avec des engrenages, des bielles transmettant le mouvement et fléchissant sous l'effort, des régulateurs à boules et des courroies.

Quel que soit le goût des Anglais pour ce genre de conceptions dont ils aiment l'apparence concrète, Maxwell fut le premier à abandonner cette théorie saugrenue qui ne figure pas dans ses œuvres complètes. On ne doit pas regretter cependant que sa pensée ait suivi ce chemin détourné, puisqu'elle a été ainsi conduite aux plus grandes découvertes.

En suivant la même voie, il ne semble pas qu'on puisse faire beaucoup mieux. Mais, s'il est oiseux de chercher à se représenter dans tous ses détails le mécanisme des phénomènes électriques, il est très important, au contraire, de montrer que ces phénomènes obéissent aux lois générales de la Mécanique.

Ces lois, en effet, sont indépendantes du mécanisme particulier auquel elles s'appliquent. Elles doivent se retrouver invariables à travers la diversité des apparences. Si les phénomènes électriques y échappaient, on devrait renoncer à tout espoir d'explication mécanique. S'ils y obéissent, la possibilité de cette explication est certaine, et l'on n'est arrêté que par la difficulté de choisir entre toutes les solutions que le problème comporte.

Mais comment nous assurons-nous, sans déployer tout l'appareil de l'Analyse mathématique, de la conformité des lois de l'Électrostatique et de l'"Électrodynamique avec les principes de la Dynamique ?

C'est par une série de comparaisons ; quand nous voudrons analyser un phénomène électrique, nous prendrons un ou deux phénomènes mécaniques bien connus et nous chercherons à mettre en évidence leur parfait parallélisme. Ce parallélisme nous sera ainsi un garant suffisant de la possibilité d'une explication mécanique.

L'emploi de l'Analyse mathématique ne servirait qu'à montrer que ces comparaisons ne sont pas seulement de grossiers rapprochements, mais qu'elles se poursuivent jusque dans les détails les plus précis. Les limites de cet Ouvrage ne me permettront pas d'aller aussi loin, et je devrai me borner à une comparaison pour ainsi dire qualitative.

2. Phénomènes électrostatiques. — Pour charger un condensateur, il faut toujours dépenser du travail, du travail mécanique si l'on fait tourner une machine statique ou si l'on se sert d'une dynamo, de l'énergie chimique si l'on charge avec une pile.

· Mais l'énergie ainsi dépensée n'est pas perdue, elle est emmagasinée dans le condensateur qui peut la restituer à la décharge. Elle sera restituée sous forme de chaleur, si l'on réunit simplement les deux armatures par un fil qui est échauffé par le courant de décharge ; elle pourrait l'être aussi sous forme de travail mécanique, si ce courant de décharge actionnait un petit moteur électrique.

De même, pour élever de l'eau dans un réservoir, il faut dépenser du travail ; mais ce travail peut être restitué si, par exemple, l'eau du réservoir sert à faire tourner une roue hydraulique.

Si deux conducteurs chargés sont au même potentiel, et qu'on les mette en communication par un fil, l'équilibre ne sera pas troublé ; mais, si les potentiels initiaux sont différents, un courant circulera dans le fil d'un conducteur à l'autre, jusqu'à ce que l'égalité de potentiel soit rétablie.

De même, si dans deux réservoirs, l'eau monte à des niveaux différents, et si on les fait communiquer par un tuyau, l'eau coulera de l'un à l'autre jusqu'à ce que le niveau soit le même dans les deux réservoirs.

Le parallélisme est donc complet : le potentiel d'un condensateur correspond au niveau d'eau dans un réservoir, la *charge* du condensateur à la masse d'eau contenue dans le réservoir.

Si la section horizontale du réservoir est par exemple 100^{m}², il faudra 1^{m}² d'eau pour faire monter le niveau de 1^{cm}. Il en faudra deux fois plus si la section est deux fois plus grande. Cette section horizontale correspond donc à ce qu'on appelle la *capacité* du condensateur.

Comment interpréter dans cette manière de voir les attractions et répulsions qui s'exercent entre les corps électrisés?

Ces actions mécaniques tendent à diminuer les différences de potentiel. Si on les vainc, et qu'on éloigne par exemple deux corps qui s'attirent, on dépense du travail, on emmagasine de l'énergie électrique et l'on accroît les différences de potentiel. Si, au contraire, on laisse les conducteurs libres d'obéir à leur attraction mutuelle, l'énergie électrique ainsi emmagasinée est en partie restituée sous forme de travail mécanique, et les potentiels tendent à s'égaliser.

Ces actions mécaniques correspondraient ainsi aux pressions que l'eau, amassée dans les réservoirs, exerce sur leurs parois. Supposons, par exemple, que nos deux réservoirs soient réunis par un tube cylindrique horizontal de large section, et que dans ce tube se meuve un piston. Quand on poussera le piston de façon à refouler l'eau dans celui des réservoirs où le niveau est le plus élevé, on dépensera du travail ; si on laisse, au contraire, le piston obéir aux pressions qui s'exercent sur ses deux faces, il se

déplacera de telle sorte que les niveaux tendent à s'égaliser, et
l'énergie emmagasinée dans les réservoirs sera en partie restituée.

Cette comparaison hydraulique est la plus commode et la plus
complète; ce n'est pas la seule possible; nous pouvons, par
exemple, comparer le travail dépensé pour charger un condensateur à celui qu'on emploie pour élever un poids ou pour bander
un ressort. Cette dépense d'énergie sera récupérée quand on laissera ce poids redescendre ou ce ressort se débander, comme
quand on laissera les deux armatures du condensateur obéir à
leur attraction mutuelle.

Nous nous servirons dans la suite des trois comparaisons.

3. Résistance des conducteurs. — Mettons nos deux réservoirs en communication par un tube horizontal, long et de section étroite. L'eau s'écoulera lentement par ce tube, et le débit
sera d'autant plus grand que la différence de niveau sera plus
grande, la section plus large, le tube plus court. En d'autres
termes, la résistance du tube, qui est due aux frottements internes, croîtra avec sa longueur et décroîtra quand la section
augmentera.

Joignons de même deux conducteurs par un fil métallique long
et mince. L'intensité du courant, c'est-à-dire le débit d'électricité,
croîtra avec la différence des deux potentiels, avec la section du
fil, et sera au contraire en raison inverse de sa longueur.

La résistance électrique d'un fil est donc assimilable à la résistance hydraulique de notre tube : c'est un véritable frottement.
La similitude est d'autant plus complète que cette résistance
échauffe le fil et produit de la chaleur comme le frottement.

Elle devient frappante dans l'expérience bien connue de Foucault ; qu'on fasse tourner un disque de cuivre dans un champ
magnétique, on aura à surmonter une résistance considérable, et
le disque s'échauffera ; tout se passera comme si ce disque frottait
contre quelque frein invisible.

4. Induction. — Quand deux fils sont voisins l'un de l'autre et
que le premier est parcouru par un courant variable, il se produit dans le second des courants connus sous le nom de *courants
d'induction*. Si le courant primaire est croissant, le courant se-
ondaire est de sens opposé au primaire : il est de même sens, si
le primaire est décroissant. C'est là ce qu'on appelle l'*induction
mutuelle*.

Mais ce n'est pas tout : un courant variable produira des forces
électromotrices d'induction dans le fil même qu'il parcourt. Cette
force sera résistante si le courant est croissant, elle tendra à ren-

forcer le courant s'il est décroissant : c'est ce qu'on nomme la *self-induction*.

Dans notre comparaison, la self-induction s'explique aisément. Il semble que, pour mettre l'électricité en mouvement, on ait à surmonter une résistance contre-électromotrice, mais qu'une fois le mouvement commencé, il tende à se continuer de lui-même. *La self-induction est donc une sorte d'inertie.*

De même, il faut surmonter une résistance pour faire démarrer un véhicule, et, une fois lancé, il continue de lui-même son mouvement.

En résumé, un courant peut avoir à surmonter :

1° La résistance ohmique du fil (qui existe toujours et s'oppose toujours au courant);

2° La self-induction, si le courant est variable ;

3° Des forces contre-électromotrices d'origine électrostatique, s'il y a des charges électriques dans le voisinage du fil ou sur le fil.

Ces deux dernières résistances peuvent d'ailleurs devenir négatives et tendre à renforcer le courant.

Comparons avec les résistances que rencontre un véhicule qui se meut sur une route :

1° La résistance ohmique, nous l'avons vu, est analogue au frottement;

2° La self-induction correspond à l'inertie du véhicule;

3° Enfin les forces d'origine électrostatique correspondraient à la pesanteur, qu'il faut vaincre dans les montées et qui devient une aide dans les descentes.

Pour l'induction mutuelle, les choses sont un peu plus compliquées. Figurons-nous une sphère S d'une masse considérable; cette sphère porte deux longs bras diamétralement opposés, et aux extrémités de ces deux bras sont de petites sphères s_1 et s_2; le tout se comportant comme un seul corps solide.

S représentera l'éther, s_1 le courant primaire, s_2 le courant secondaire.

Si nous cherchons à mettre en mouvement la petite sphère s_1, nous pourrons le faire sans trop de peine ; mais la sphère S ne s'ébranlera pas si facilement; dans les premiers moments, elle restera immobile. Tout le système tournera autour de S, et la sphère s_2 prendra un mouvement contraire à celui de s_1.

C'est là l'image de l'induction mutuelle. Les sphères s_1 et s_2 correspondent aux deux conducteurs; la sphère S qu'il faut se représenter comme invisible, c'est l'éther qui les entoure. Quand le mouvement de s_1 s'accélère, s_2 prend un mouvement de direction opposée; de même, quand le courant primaire s'accélère, il se produit un courant secondaire de sens contraire.

Poursuivons la comparaison. Je suppose que s_1 et s_2 aient à surmonter, pour se mouvoir, un certain frottement (c'est la résistance
ohmique des deux conducteurs); au contraire S n'a d'autre résistance à vaincre que son inertie. Supposons que la force motrice
continue à agir sur s_1 : le régime finira par s'établir ; la sphère
s_1 se mouvra d'un mouvement uniforme, entraînant S qui, une
fois en mouvement, n'oppose plus de résistance. Au contraire s_2,
par l'effet du frottement, s'arrêtera, et tout le système tournera
autour de s_2. Le courant primaire est devenu constant, le courant
secondaire a cessé.

Enfin, la force motrice cesse d'agir sur s_1 : par suite du
frottement son mouvement va se ralentir. Mais S, en vertu
de son énorme inertie, continue son mouvement entraînant s_1
qui prend une vitesse de même sens que celle de s_1. Le courant
primaire diminue, le courant induit est de même sens que le
primaire.

Dans cette image, S représente l'éther qui entoure les deux
fils : c'est l'inertie de cet éther qui produit les phénomènes d'induction mutuelle. Il en est même dans le cas de la self-induction. L'inertie qu'il faut vaincre pour produire un courant dans
un fil, ce n'est pas celle de l'éther qui pénètre ce fil, c'est celle
de l'éther qui l'entoure.

5. Attractions électrodynamiques. — J'ai cherché plus haut à
faire comprendre, par une comparaison, l'explication des attractions électrostatiques et des phénomènes d'induction ; voyons
maintenant quelle idée se fait Maxwell de la cause qui produit
les attractions mutuelles de courants.

Tandis que les attractions électrostatiques seraient dues à la
tension d'une multitude de petits ressorts, ou, en d'autres termes,
à l'élasticité de l'éther, ce seraient la force vive et l'inertie de ce
fluide qui produiraient les phénomènes d'induction et les actions
électrodynamiques.

Le calcul complet est beaucoup trop long pour trouver place
ici, et je me contenterai encore d'une comparaison. Je l'emprun-
terai à un appareil bien connu, le régulateur à force centrifuge.

La force vive de cet appareil est proportionnelle au carré de la
vitesse angulaire de rotation et au carré de l'écartement des
boules.

D'après l'hypothèse de Maxwell, l'éther est en mouvement dès
qu'il y a des courants voltaïques, et sa force vive est proportionnelle au carré de l'intensité de ces courants, qui correspond ainsi,
dans le parallèle que je cherche à établir, à la vitesse angulaire
de rotation.

Si nous considérons deux courants de même sens, cette force

vive, à intensité égale, sera d'autant plus grande que les courants seront plus rapprochés; si les courants sont de sens contraire, elle sera d'autant plus grande qu'ils seront plus éloignés.

Cela posé, poursuivons notre comparaison.

Pour augmenter la vitesse angulaire du régulateur, et par suite sa force vive, il faut lui fournir du travail, et surmonter par conséquent une résistance que l'on appelle son *inertie*.

De même, augmenter l'intensité des courants, c'est augmenter la force vive de l'éther; et il faudra, pour le faire, fournir du travail et surmonter une résistance, qui n'est autre chose que l'inertie de l'éther, et que l'on appelle l'*induction*.

La force vive sera plus grande si les courants sont de même sens et rapprochés; le travail à fournir et la force contre-électromotrice d'induction seront donc plus grands. C'est ce que l'on exprime, dans le langage ordinaire, en disant que l'induction mutuelle des deux courants s'ajoute à leur self-induction. C'est le contraire, si les deux courants sont de sens opposé.

Si l'on écarte les boules du régulateur, il faudra, pour maintenir la vitesse angulaire, fournir du travail, parce que, à vitesse angulaire égale, la force vive est d'autant plus grande que les boules sont plus écartées.

De même, si deux courants sont de même sens et qu'on les rapproche, il faudra, pour maintenir l'intensité, fournir du travail, puisque la force vive augmentera. On aura donc à surmonter une force électromotrice d'induction qui tendrait à diminuer l'intensité des courants. Elle tendrait au contraire à l'augmenter, si les courants étaient de même sens, et qu'on les éloignât, ou s'ils étaient de sens contraire, et qu'on les rapprochât.

Les actions mécaniques mutuelles des courants s'expliquent de même.

La force centrifuge tend à écarter les boules, *ce qui aurait pour effet d'augmenter la force vive, si l'on maintenait la vitesse angulaire constante.*

De même, quand les courants sont de même sens, *ils s'attirent,* c'est-à-dire qu'ils tendent à se rapprocher, *ce qui aurait pour effet d'augmenter la force vive, si l'on maintenait l'intensité constante.* S'ils sont de sens contraire, ils se repoussent et tendent à s'éloigner, ce qui aurait encore pour effet d'augmenter la force vive à intensité constante.

En résumé, dans notre comparaison, si nous supposons les deux courants de sens contraire, la vitesse de rotation correspond à l'intensité et l'écartement des boules à l'écartement des courants. Les boules tendent à s'écarter et semblent se repousser, de même les deux courants se repoussent.

Ainsi les phénomènes électrostatiques seraient dus à l'élasticité de l'éther, et les phénomènes électrodynamiques à sa force vive. Maintenant, cette élasticité elle-même devrait-elle s'expliquer, comme le pense lord Kelvin, par des rotations de très petites parties de fluide? Diverses raisons peuvent rendre cette hypothèse séduisante, mais elle ne joue aucun rôle essentiel dans la théorie de Maxwell, qui en est indépendante.

Dans tout ce qui précède, j'ai fait des comparaisons avec divers mécanismes. Mais ce ne sont que des comparaisons, même assez grossières. Il ne faut pas, en effet, chercher dans le Livre de Maxwell une explication mécanique complète des phénomènes électriques, mais seulement l'exposé des conditions auxquelles toute explication doit satisfaire. Et ce qui fait justement que l'œuvre de Maxwell sera probablement durable, c'est qu'elle est indépendante de toute explication particulière.

CHAPITRE II.

LA THÉORIE DE MAXWELL.

---

1. Rapports entre la lumière et l'électricité. — Au moment où les expériences de Fresnel forçaient tous les savants à admettre que la lumière est due aux vibrations d'un fluide très subtil, remplissant les espaces interplanétaires, les travaux d'Ampère faisaient connaître les lois des actions mutuelles des courants et fondaient l'Électrodynamique.

On n'avait qu'un pas à faire pour supposer que ce même fluide, l'éther, qui est la cause des phénomènes lumineux, est en même temps le véhicule des actions électriques : ce pas, l'imagination d'Ampère le fit; mais l'illustre physicien, en énonçant cette séduisante hypothèse, ne prévoyait sans doute pas qu'elle dût si vite prendre une forme plus précise et recevoir un commencement de confirmation.

Ce ne fut là pourtant qu'un rêve sans consistance jusqu'au jour où les mesures électriques mirent en évidence un fait inattendu.

Le rapport de « l'unité absolue électrostatique » à « l'unité absolue électrodynamique » est mesuré par une vitesse. Maxwell imagina plusieurs méthodes pour obtenir la valeur de cette vitesse. Les résultats auxquels il parvint, oscillèrent autour de $300\,000^{km}$ par seconde, c'est-à-dire de la vitesse même de la lumière.

Les observations devinrent bientôt assez précises pour qu'on ne pût songer à attribuer cette concordance au hasard. On ne pouvait donc douter qu'il y eût certains rapports intimes entre les phénomènes optiques et les phénomènes électriques. Mais la nature de ces rapports nous échapperait peut-être encore si le génie de Maxwell ne l'avait devinée.

Cette coïncidence inattendue pouvait s'interpréter de la façon suivante. Le long d'un fil, conducteur parfait, une perturbation électrique se propage avec la vitesse de la lumière. Les calculs de Kirchhoff, fondés sur l'ancienne Électrodynamique, conduisaient à ce résultat.

Mais ce n'est pas le long d'un fil métallique que la lumière se propage, c'est à travers les corps transparents, à travers l'air, à travers le vide. Une pareille propagation n'était nullement prévue par l'ancienne Électrodynamique.

Pour pouvoir tirer l'Optique des théories électrodynamiques alors en faveur, il fallait modifier profondément ces dernières, sans qu'elles cessent de rendre compte de tous les faits connus. C'est ce qu'a fait Maxwell.

2. Courants de déplacement. — Tout le monde sait que l'on peut répartir les corps en deux classes, les conducteurs où nous constatons des déplacements de l'électricité, c'est-à-dire des courants voltaïques, et les isolants ou diélectriques. Pour les anciens électriciens, les diélectriques étaient purement inertes, et leur rôle se bornait à s'opposer au passage de l'électricité. S'il en était ainsi, on pourrait remplacer un isolant quelconque par un isolant différent sans rien changer aux phénomènes. Les expériences de Faraday ont montré qu'il n'en est pas ainsi; deux condensateurs, de même forme et de mêmes dimensions, mis en communication avec les mêmes sources d'électricité, ne prennent pas la même charge, bien que l'épaisseur de la lame isolante soit la même, si la *nature* de la matière isolante diffère. Maxwell avait fait une étude trop profonde des travaux de Faraday pour ne pas comprendre l'importance des diélectriques et la nécessité de leur restituer leur véritable rôle.

D'ailleurs, s'il est vrai que la lumière ne soit qu'un phénomène électrique, il faut bien, quand elle se propage à travers un corps isolant, que ce corps soit le siège de ce phénomène ; il doit donc y avoir des phénomènes électriques localisés dans les diélectriques : mais quelle en peut être la nature? Maxwell répond hardiment : ce sont des courants.

Toute l'expérience de son temps semblait le contredire : on n'avait jamais observé de courants que dans les conducteurs. Comment Maxwell pouvait-il concilier son audacieuse hypothèse avec un fait si bien constaté? Pourquoi dans certaines circonstances ces courants hypothétiques produisent-ils des effets manifestes et sont-ils absolument inobservables dans les conditions ordinaires?

C'est que les diélectriques opposent au passage de l'électricité, non pas une résistance plus grande que les conducteurs, mais une résistance d'une autre nature. Une comparaison fera mieux comprendre la pensée de Maxwell.

Si l'on s'efforce de tendre un ressort, on rencontre une résistance qui va en croissant à mesure que le ressort se bande. Si donc on ne dispose que d'une force limitée, il arrivera un moment où, cette résistance ne pouvant plus être surmontée, le mouvement s'arrêtera et l'équilibre s'établira : enfin, quand la force cessera d'agir, le ressort restituera en se débandant tout le travail qu'on aura dépensé pour le bander.

Supposons au contraire qu'on veuille déplacer un corps plongé dans l'eau : ici encore on éprouvera une résistance, qui dépendra de la vitesse, mais qui, cependant, si cette vitesse demeure constante, n'ira pas en croissant à mesure que le corps s'avancera ; le mouvement pourra donc se prolonger tant que la force motrice agira, et l'on n'atteindra jamais l'équilibre ; enfin, quand la force disparaîtra, le corps ne tendra pas à revenir en arrière, et le travail dépensé pour le faire avancer ne pourra être restitué ; il aura tout entier été transformé en chaleur par la viscosité de l'eau.

Le contraste est manifeste, et il est nécessaire de distinguer la résistance *élastique* de la résistance *visqueuse*. Alors les diélectriques se comporteraient pour les mouvements de l'électricité comme les solides élastiques pour les mouvements matériels, tandis que les conducteurs se comporteraient comme les liquides visqueux. De là, deux catégories de courants : les courants de *déplacement* ou de Maxwell qui traversent les diélectriques, et les courants ordinaires de *conduction* qui circulent dans les conducteurs.

Les premiers, ayant à surmonter une sorte de résistance *élastique*, ne pourraient être que de courte durée ; car, cette résistance croissant sans cesse, l'équilibre sera promptement établi.

Les courants de conduction, au contraire, devraient vaincre une sorte de résistance visqueuse et pourraient par conséquent se prolonger aussi longtemps que la force électromotrice qui leur donne naissance.

Reprenons notre comparaison empruntée à l'Hydraulique. Supposons que nous ayons dans un réservoir de l'eau sous pression ; mettons ce réservoir en communication avec le tuyau vertical : l'eau va y monter; mais le mouvement s'arrêtera dès que l'équilibre hydrostatique sera atteint. Si le tuyau est large il n'y aura pas de frottement ni de perte de charge, et l'eau ainsi élevée pourra être employée pour produire du travail. Nous avons là l'image du courant de déplacement.

Si au contraire l'eau du réservoir s'écoule par un tuyau horizontal, le mouvement continuera tant que le réservoir ne sera pas vide : mais si le tuyau est étroit il y aura une perte de travail considérable et une production de chaleur par le frottement; nous avons là l'image du courant de conduction.

Bien qu'il soit impossible et quelque peu oiseux de chercher à se représenter tous les détails du mécanisme, on peut dire que tout se passe comme si les courants de déplacement avaient pour effet de bander une multitude de petits ressorts. Quand ces courants cessent, l'équilibre électrostatique est établi, et ces ressorts sont d'autant plus tendus que le champ électrique est plus intense. Le travail accumulé dans ces ressorts, c'est-à-dire l'énergie électrostatique, peut être restitué intégralement dès qu'ils peuvent se débander; c'est ainsi qu'on obtient du travail mécanique quand on laisse les conducteurs obéir aux *attractions électrostatiques*. Ces attractions seraient dues ainsi à la pression exercée sur les conducteurs par les ressorts bandés. Enfin, pour poursuivre la comparaison jusqu'au bout, il faudrait rapprocher la décharge disruptive de la rupture de quelques ressorts trop tendus.

Au contraire, le travail employé à produire des courants de conduction est perdu et tout entier transformé en chaleur, comme celui que l'on dépense pour vaincre les frottements ou la viscosité des fluides. *C'est pour cela que les fils conducteurs s'échauffent.*

Dans la manière de voir de Maxwell, *il n'y a que des courants fermés*. Pour les anciens électriciens, il n'en était pas de même : ils regardaient comme fermé le courant qui circule dans un fil joignant les deux pôles d'une pile. Mais si, au lieu de réunir directement les deux pôles, on les met respectivement en communication avec les deux armatures d'un condensateur, le courant instantané qui dure jusqu'à ce que le condensateur soit chargé était considéré comme ouvert; il allait, pensait-on, d'une armature à l'autre à travers le fil de communication et la pile, et s'arrêtait à la surface de ces deux armatures. Maxwell, au contraire, suppose que le courant traverse, sous forme de courant de déplacement, la lame isolante qui sépare les deux armatures et qu'il se ferme ainsi complètement. La résistance élastique qu'il rencontre dans ce passage explique sa faible durée.

Les courants peuvent se manifester de trois manières : par leurs effets calorifiques, par leur action sur les aimants et les courants, par les courants induits auxquels ils donnent naissance. Nous avons vu plus haut pourquoi les courants de conduction développent de la chaleur et pourquoi les courants de déplacement n'en font pas naître. En revanche, d'après l'hypothèse de Maxwell, les courants qu'il imagine doivent, comme les courants ordinaires, produire des effets électromagnétiques, électrodynamiques et inductifs.

Pourquoi ces effets n'ont-ils encore pu être mis en évidence? C'est parce qu'un courant de déplacement quelque peu intense ne peut durer longtemps, *dans le même sens* : car la tension de nos ressorts, sans cesse croissante, l'arrêterait bientôt. Il ne peut donc y avoir, dans les diélectriques, ni courant continu de longue durée, ni courant alternatif sensible de longue période. Les effets deviendront au contraire observables si l'alternance est très rapide.

3. Nature de la lumière. — C'est là, d'après Maxwell, l'origine de la lumière; une onde lumineuse est une suite de courants alternatifs qui se produisent dans les diélectriques et même dans l'air ou le vide interplanétaire et qui changent de sens un quatrillion de fois par seconde. L'induction énorme due à ces alternances fréquentes produit d'autres courants dans les parties voisines des diélectriques, et c'est ainsi que les ondes lumineuses se propagent de proche en proche. Le calcul montre que la vitesse de propagation est égale au *rapport des unités*, c'est-à-dire à la vitesse de la lumière.

Ces courants alternatifs sont des espèces de vibrations électriques; mais ces vibrations sont-elles longitudinales comme celles du son ou transversales comme celles de l'éther de Fresnel? Dans le cas du son, l'air subit des condensations et des raréfactions alternatives. Au contraire, l'éther de Fresnel se comporte dans ses vibrations comme s'il était formé de couches incompressibles susceptibles seulement de glisser l'une sur l'autre. S'il y avait des courants *ouverts*, l'électricité se portant d'un bout à l'autre d'un de ces courants s'accumulerait à l'une des extrémités; elle se condenserait ou se raréfierait comme l'air, ses vibrations seraient longitudinales. Mais Maxwell n'admet que des courants fermés; cette accumulation est impossible, et l'électricité se comporte comme l'éther incompressible de Fresnel, ses vibrations sont transversales.

Ainsi nous retrouvons tous les résultats de la théorie des ondes. Ce n'était pas assez pourtant pour que les physiciens, séduits plutôt que convaincus, se décidassent à adopter les idées de Maxwell; tout ce qu'on pouvait dire en leur faveur, c'est qu'elles n'étaient en contradiction avec aucun des faits observés, et que c'eût été bien dommage qu'elles ne fussent pas vraies. Mais la confirmation expérimentale manquait : elle devait se faire attendre vingt-cinq ans.

Il fallait trouver entre la théorie ancienne et celle de Maxwell une divergence qui ne fût pas trop délicate pour nos grossiers moyens d'investigation. Il n'y en avait qu'une dont on pût tirer un *experimentum crucis*.

Ce fut là l'œuvre de Hertz, dont nous allons maintenant parler.

CHAPITRE III.

LES OSCILLATIONS ÉLECTRIQUES AVANT HERTZ.

---

1. Expériences de Feddersen. — On a produit de très bonne heure des courants alternatifs par des moyens mécaniques, par exemple par l'emploi de commutateurs tournants, de trembleurs, etc. C'était déjà là, en un sens, des oscillations électriques, mais dont l'alternance ne pouvait être que très lente.

La décharge d'un condensateur devait fournir un moyen d'obtenir des oscillations beaucoup plus rapides. C'est Feddersen qui, le premier, démontra expérimentalement que, dans certaines circonstances, la décharge de la bouteille de Leyde peut être oscillante.

Feddersen observait l'étincelle produite par la décharge d'une bouteille de Leyde au moyen d'un miroir tournant concave : il a aussi projeté l'image de l'étincelle, au moyen d'un tel miroir, sur une plaque sensible, et il a ainsi photographié les divers aspects de l'étincelle.

Il a fait varier la résistance du circuit : avec une faible résistance, il obtenait une décharge oscillante, et son dispositif lui permettait de voir comment variait la période, quand il faisait varier la capacité du condensateur ou la self-induction du circuit.

Pour faire varier la capacité, il suffisait de changer le nombre des bouteilles de Leyde; Feddersen a à peu près vérifié la proportionnalité de la période à la racine carrée de la capacité.

Pour faire varier la self-induction, Feddersen changeait la

longueur du fil conducteur; la période est à peu près proportionnelle à la racine de la self-induction. à peu près seulement, car, dans les expériences de Feddersen, la longueur du fil atteignait parfois plusieurs centaines de mètres; il était suspendu au mur et formait avec lui un véritable condensateur dont la capacité n'était pas négligeable vis-à-vis de celle du condensateur principal.

Quant au coefficient numérique, Feddersen n'a pu en vérifier la valeur, car il ne connaissait pas bien la valeur de la capacité de ses condensateurs; il n'a pu vérifier que des proportionnalités.

Feddersen a obtenu des périodes de l'ordre de 10^{-4} secondes.

En augmentant graduellement la valeur de la résistance, ce qu'il faisait en introduisant dans le circuit de petits tubes pleins d'acide sulfurique, il a obtenu des décharges continues, puis des décharges intermittentes, ces dernières pour des valeurs très grandes de la résistance, par exemple avec des cordes mouillées.

Il est clair que, dans un miroir tournant, une décharge continue doit donner l'image d'un trait de feu continu; une décharge alternative ou intermittente doit donner une série de taches lumineuses séparées les unes des autres.

Les photographies de décharges oscillantes obtenues par Feddersen présentent un aspect tout particulier. On a une série de points lumineux et obscurs correspondant aux deux extrémités de l'étincelle; mais les points lumineux relatifs à l'une des extrémités correspondent aux points obscurs relatifs à l'autre extrémité, et inversement.

Cela s'explique aisément; quand une étincelle éclate dans l'air, les particules arrachées à l'électrode positive deviennent incandescentes; il n'en est pas de même des particules négatives: l'extrémité positive de l'étincelle est donc plus lumineuse que l'extrémité négative.

Les photographies de Feddersen prouvent donc que chaque extrémité de l'étincelle est alternativement positive et négative. La décharge n'est donc pas intermittente et toujours de même sens; elle est oscillante.

2. Théorie de lord Kelvin. — Les expériences de Feddersen sont susceptibles d'une explication très simple.

Supposons deux conducteurs (ces deux conducteurs seront dans l'expérience de Feddersen les deux armatures du condensateur) réunis par un fil; s'ils ne sont pas au même potentiel, l'équilibre électrique est rompu, de même que l'équilibre mécanique est dérangé quand un pendule est écarté de la verticale. Dans un cas comme dans l'autre, l'équilibre tend à se rétablir.

Un courant circule dans le fil et tend à égaliser le potentiel des deux conducteurs, de même que le pendule se rapproche de la verticale. Mais le pendule ne s'arrêtera pas dans sa position d'équilibre; ayant acquis une certaine vitesse, il va, grâce à son inertie, dépasser cette position. De même, quand nos conducteurs seront déchargés, l'équilibre électrique, momentanément rétabli, ne se maintiendra pas et sera aussitôt détruit par une cause analogue à l'inertie; cette cause c'est la *self-induction*, dont nous avons vu plus haut les analogies avec l'inertie.

En vertu de la self-induction, un courant persiste après la disparition de la cause qui l'a fait naître, de même qu'un mobile ne s'arrête pas quand la force qui l'avait mis en mouvement cesse d'agir.

Quand les deux potentiels sont devenus égaux, le courant continuera donc dans le même sens et fera prendre aux deux conducteurs des charges opposées à celles qu'ils avaient d'abord.

Dans ce cas, comme dans celui du pendule, la position qui correspond à l'équilibre est dépassée; il faut, pour le rétablir, revenir en arrière.

Quand l'équilibre est atteint de nouveau, la même cause le rompt aussitôt et les oscillations se poursuivent sans cesse.

Le calcul montre que la période est proportionnelle à la racine carrée de la capacité des conducteurs; il suffit donc de diminuer suffisamment cette capacité, ce qui est facile, pour avoir un *pendule électrique* susceptible de produire des courants d'alternance extrêmement rapide.

3. Comparaisons diverses. — Je me suis servi, pour faire comprendre la théorie de lord Kelvin, de la comparaison d'un pendule. On peut en employer beaucoup d'autres.

Au lieu d'un pendule, prenons un diapason; s'il est écarté de sa position d'équilibre, son élasticité tend à l'y ramener; mais, entraîné par son inertie, il la dépasse; son élasticité le ramène en arrière, et ainsi de suite; il exécute ainsi une série d'oscillations.

On voit que son élasticité joue le même rôle que la pesanteur dans la théorie du pendule, que la force électrostatique dans la décharge oscillante de la bouteille de Leyde; que l'inertie du ressort joue le même rôle que l'inertie du pendule ou la self-induction.

Mais il vaut peut-être mieux reprendre la comparaison hydraulique. Supposons deux vases réunis par un tube horizontal : pour que l'eau y soit en équilibre, il faut que le niveau soit le même dans les deux vases.

Si, pour une cause quelconque, cette égalité de niveau est troublée, elle tendra à se rétablir; le niveau baissera dans le vase A où il était d'abord le plus élevé, il montera dans le vase B où il était d'abord le plus bas. L'eau qui est dans le tube se mettra en mouvement, allant du vase A au vase B. Mais, quand l'égalité du niveau sera rétablie, le mouvement ne s'arrêtera pas, à cause de l'inertie de l'eau contenue dans le tube; le niveau deviendra plus élevé dans le vase B que dans le vase A. Le même phénomène se reproduira alors en sens contraire, et ainsi de suite.

Nous aurons donc une série d'oscillations; quelle en sera la période? Elle sera d'autant plus longue que la section horizontale des vases supposés cylindriques sera plus forte. Si, en effet, un litre d'eau se transporte d'un vase dans l'autre, la différence de niveau produite par ce transport sera d'autant plus faible que cette section horizontale sera plus forte. La force motrice sera donc d'autant plus faible et les oscillations d'autant plus lentes.

D'autre part, la période sera d'autant plus longue que le tube sera plus long; pour transporter un litre d'eau d'un vase à l'autre, il faut mettre en mouvement toute l'eau contenue dans le tube. L'inertie à vaincre est donc d'autant plus forte et les oscillations d'autant plus lentes que le tube est plus long.

Nous l'avons vu au Chapitre premier, la section horizontale du vase correspond à la capacité, la longueur du tube à la self-induction. La période des oscillations électriques sera donc d'autant plus longue que sa capacité et la self-induction seront plus grandes.

4. Amortissement — On sait que les oscillations d'un pendule ne persistent pas indéfiniment; chaque oscillation est moins ample que celle qui l'a précédée, et, après un certain nombre d'allées et venues de plus en plus petites, le pendule finit par s'arrêter.

Cela est dû au frottement. Or nous avons vu que, dans les phénomènes électrodynamiques, il y a une cause qui joue le même rôle que le frottement, c'est la résistance ohmique. Les oscillations électriques doivent donc se ralentir comme les oscillations pendulaires; elles doivent être amorties, diminuer d'amplitude et finalement s'arrêter.

Le frottement n'exerce sur la période du pendule qu'une influence inappréciable. De même, le plus souvent, la résistance ohmique n'altérera pas sensiblement la période des oscillations électriques; elles deviendront de plus en plus petites, elles ne seront pas beaucoup moins rapides.

Dans certaines expériences cependant, Feddersen a employé de très grandes résistances; la période, ainsi qu'on pouvait le prévoir, devient alors notablement plus longue.

Le cas extrême est celui où la décharge cesse d'être oscillante.

Supposons un pendule se mouvant dans un milieu très résistant et très visqueux : au lieu de descendre avec une vitesse croissante, il descendra lentement, arrivera sans vitesse à sa position d'équilibre et ne la dépassera pas. Il n'y a plus d'oscillations.

C'est ainsi qu'on a construit des galvanomètres dits *apériodiques;* l'aiguille, placée près d'un limbe en cuivre où se développent des courants de Foucault, doit, pour se mouvoir, surmonter une résistance considérable qui agit comme un véritable frottement. Alors, au lieu d'osciller de part et d'autre de sa position d'équilibre, ce qui rendrait les observations incommodes, elle l'atteint tout doucement et s'y arrête.

Ces exemples mécaniques suffiront pour faire comprendre ce que devient la décharge de la bouteille de Leyde quand la résistance ohmique est très grande.

L'équilibre électrique est atteint lentement et il n'est pas dépassé. La décharge n'est plus oscillante, elle est continue. C'est bien ce qu'ont montré les expériences de Feddersen, qui confirment ainsi entièrement la théorie de lord Kelvin.

Le frottement et les résistances analogues ne sont pas la seule cause de l'amortissement, et toute la force vive des corps oscillants n'est pas transformée en chaleur.

Considérons, par exemple, un diapason dont les vibrations diminuent graduellement d'amplitude. Sans doute il se produit des frottements qui échauffent légèrement le diapason; mais en même temps nous entendons un son; l'air est donc mis en mouvement et il emprunte sa force vive au diapason. Une partie de cette force vive s'est donc dissipée par une sorte de rayonnement extérieur.

L'énergie des oscillations électriques se perd également de deux manières. La résistance ohmique en transforme une partie en chaleur; mais nous verrons bientôt qu'une autre portion est rayonnée au dehors, en conservant la forme électrique : c'est là un fait que la théorie de Maxwell permettait de prévoir et qui est contraire à l'ancienne électrodynamique.

Les oscillations électriques subissent donc un double amortissement, par résistance ohmique (analogue au frottement) et par rayonnement.

CHAPITRE IV.

L'EXCITATEUR DE HERTZ.

---

1. Découverte de Hertz. — Les courants de déplacement prévus par la théorie de Maxwell ne pouvaient, dans les conditions ordinaires, manifester leur existence. Nous l'avons dit, ils ont à surmonter une résistance élastique, qui va sans cesse en croissant quand ils se prolongent; ils ne peuvent donc être que très faibles ou de très courte durée, *s'ils vont toujours dans le même sens*. Pour que leurs effets soient appréciables, il faut donc qu'ils changent fréquemment de sens, que les alternances soient très rapides. Les courants alternatifs industriels, les oscillations de Feddersen elles-mêmes, sont tout à fait insuffisants pour cet objet.

C'est pour cette raison que les idées de Maxwell ont attendu vingt ans une confirmation expérimentale. C'est à Hertz qu'il était réservé de la leur donner. Ce savant, dont la vie fut si courte et si bien remplie, se destina d'abord à la carrière d'architecte; mais il fut bientôt poussé par une vocation irrésistible vers la Science pure. Remarqué et encouragé par Helmholtz, il fut nommé *Oberlehrer* à Carlsruhe : c'est là qu'il accomplit les travaux qui ont immortalisé son nom, il passa en un jour de l'obscurité à la gloire. Mais il n'en devait pas jouir longtemps : il n'eut que le temps d'installer son nouveau laboratoire à Bonn; la maladie l'empêcha d'en utiliser les ressources, et bientôt la mort l'emporta, il nous laissait cependant, outre sa géniale découverte, des expériences d'une importance capitale sur les rayons cathodiques et un Livre très original et très profond sur la philosophie de la Mécanique.

2. Principe de l'excitateur. — Il s'agissait, comme je l'ai expliqué, d'obtenir des vibrations extrêmement rapides. Il semble, d'après ce que nous avons vu au Chapitre III, qu'il suffisait de reprendre les expériences de Feddersen en diminuant les capacités et les self-inductions. C'est ainsi qu'on rend les oscillations d'un pendule plus rapides en diminuant sa longueur.

Mais il ne suffit pas de construire un pendule, il faut encore le mettre en mouvement. Pour cela, il faut qu'une cause quelconque l'écarte de sa position d'équilibre, puis qu'elle cesse d'agir brusquement, je veux dire dans un temps très court par rapport à la durée d'une période; sans cela il n'oscillera pas.

Si, avec la main, par exemple, on écarte un pendule de la verticale, puis qu'au lieu de le lâcher tout à coup, on laisse le bras se détendre lentement sans desserrer les doigts, le pendule, toujours soutenu, arrivera sans vitesse à sa position d'équilibre et ne la dépassera pas.

En résumé, la durée du déclanchement doit être très courte par rapport à celle d'une oscillation : donc, avec des périodes de $\frac{1}{100000000}$ de seconde, aucun système de déclanchement mécanique ne pourrait fonctionner, quelque rapide qu'il puisse nous paraître par rapport à nos unités de temps habituelles.

Voici comment Hertz a résolu le problème.

Reprenons notre pendule électrique (voy. p. 22) et pratiquons dans le fil qui joint les deux conducteurs une coupure de quelques millimètres. Cette coupure partage notre appareil en deux moitiés symétriques, que nous mettrons en communication avec les deux pôles d'une bobine de Ruhmkorff. Le courant induit va charger nos deux conducteurs, et la différence de leur potentiel va croître avec une lenteur relative.

D'abord la coupure empêchera les conducteurs de se décharger; l'air qui s'y trouve joue le rôle d'isolant et maintient notre pendule écarté de sa position d'équilibre.

Mais, quand la différence de potentiel sera assez grande, l'étincelle de la bobine éclatera et frayera un chemin à l'électricité accumulée sur les conducteurs. La coupure cessera tout à coup d'isoler, et, par une sorte de déclanchement électrique, notre pendule sera délivré de la cause qui l'empêchait de retourner à l'équilibre. Si des conditions assez complexes, bien étudiées par Hertz, sont remplies, ce déclanchement est assez brusque pour que les oscillations se produisent.

3. Diverses formes d'excitateurs. — Ainsi les parties essentielles d'un excitateur sont :

1° Deux conducteurs extrêmes, de capacité relativement grande, auxquels la bobine communique au début des charges de signe contraire, et qui échangent leurs charges à chaque demi-oscillation;

2° Un conducteur intermédiaire, filiforme, par lequel l'électricité va d'un des conducteurs extrêmes à l'autre;

3° Un micromètre à étincelles, placé au milieu du conducteur intermédiaire. Il est le siège d'une résistance qui permet d'écarter le pendule électrique de sa position d'équilibre ; cette résistance disparaît ensuite brusquement au moment où l'étincelle éclate, ce qui déclanche le pendule ;

4° Une bobine d'induction dont les deux pôles sont en communication avec les deux moitiés de l'excitateur et qui leur communique leurs charges initiales. C'est pour ainsi dire le bras qui écarte le pendule de sa position d'équilibre.

Fig. 1.

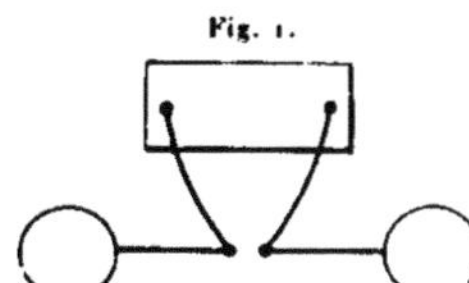

Dans le premier excitateur de Hertz (*fig.* 1), les deux conducteurs extrêmes étaient deux sphères de 15^{cm} de rayon, et le conducteur intermédiaire un fil rectiligne de 150^{cm}.

Hertz a aussi remplacé les deux sphères par deux plaques carrées.

Plions le conducteur intermédiaire en forme de rectangle et rapprochons les deux plaques pour en faire les deux armatures d'un condensateur plan, nous aurons l'excitateur de M. Blondlot (*fig.* 2), qui s'en est surtout servi comme résonateur.

Fig. 2.

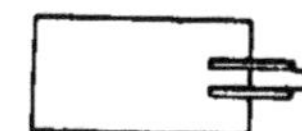

On n'aurait qu'à remplacer le condensateur plan par une bouteille de Leyde, et à allonger le fil intermédiaire, pour retomber sur l'appareil de Feddersen, dont les vibrations sont assez lentes pour que le déclanchement puisse se faire mécaniquement.

Supprimons le conducteur intermédiaire, nous aurons l'*excitateur de Lodge* réduit à deux sphères entre lesquelles éclate une étincelle ; au lieu des deux sphères, Lodge en met d'ordinaire trois ou quatre ; nous retrouverons cet appareil, sous des dimensions beaucoup plus petites, dans les expériences de Righi et Bose au Chapitre XI.

Supprimons au contraire les conducteurs extrèmes et réduisons la longueur du fil intermédiaire à 3o^{cm}, nous aurons *le petit excitateur de Hertz*. La charge, au lieu de se concentrer aux extrémités, est alors répartie sur toute la longueur du fil.

4. Rôle de l'étincelle. — On comprend combien il importe que l'étincelle soit « bonne », c'est-à-dire éclate brusquement, dans un temps très court par rapport à la durée de l'oscillation. Mille circonstances influent sur la qualité de l'étincelle. Il faut d'abord qu'elle éclate entre deux boules; elle serait mauvaise si elle éclatait entre deux pointes, ou entre une boule et une pointe.

Il faut ensuite que les surfaces de ces boules soient bien polies. A l'air, elles s'oxydent rapidement, et il faut fréquemment les nettoyer.

Il faut enfin que la distance des boules soit convenable. C'est même là ce qui limite l'amplitude des oscillations. Pour avoir des oscillations amples, il faudrait pouvoir écarter beaucoup le pendule de sa position d'équilibre, c'est-à-dire pouvoir donner aux deux moitiés de l'excitateur des charges importantes avant que l'étincelle éclate; or, elle éclatera dès que la différence de potentiel atteindra une certaine valeur d'autant plus grande que la distance explosive sera plus grande. On serait donc conduit à augmenter cette distance; mais on ne peut le faire sans que l'étincelle cesse d'être bonne.

On arrive très vite à distinguer par l'aspect et par le son les bonnes et les mauvaises étincelles.

5. Influence de la lumière. — Hertz observa encore un fait très curieux : les étincelles primaire et secondaire paraissaient exercer l'une sur l'autre une action mystérieuse; en mettant entre les deux un écran, les étincelles secondaires cessaient de se produire. Hertz crut d'abord qu'il y avait là une action électrique, mais reconnut ensuite que ce phénomène était dû à la lumière de l'étincelle.

Pourtant, une plaque de verre, qui laisse passer la lumière, empêchait l'action des étincelles l'une sur l'autre. C'est que les rayons actifs, en cette circonstance, sont les rayons ultra-violets, qui sont arrêtés par le verre : en effet, une plaque de fluorine, qui laisse passer les rayons ultra-violets, laisse aussi subsister l'action des étincelles primaires. Cette découverte devait être l'origine de travaux remarquables, mais étrangers à notre sujet.

6. Emploi de l'huile. — MM. Sarasin et de la Rive ont réalisé un grand progrès, en faisant éclater l'étincelle dans l'huile. Les boules du micromètre ne s'oxydant plus, les nettoyages incessants ne sont plus nécessaires, et les étincelles sont beaucoup plus régulières. Enfin, le potentiel explosif étant plus grand que dans l'air, on peut écarter davantage le pendule électrique avant que l'étincelle produise le déclanchement. L'amplitude des oscillations est donc augmentée.

Toutefois, en télégraphie sans fil, où l'on emploie des potentiels considérables, on a renoncé à l'usage de l'huile, qui est une complication. Cela est possible grâce à la grande capacité des conducteurs, c'est-à-dire aux grandes quantités d'électricité mises en jeu. Les étincelles peuvent dans ces conditions rester bonnes, quoique longues.

7. Valeur de la longueur d'onde. — Diverses considérations théoriques permettent de prévoir que le grand excitateur de Hertz, que nous avons décrit plus haut, produit des oscillations dont la fréquence est de 50000000 par seconde.

On sait que l'on appelle *longueur d'onde* le chemin parcouru par la perturbation pendant la durée d'une oscillation; si la vitesse de propagation est la même que celle de la lumière, c'est-à-dire 300000^{km} par seconde. la longueur d'onde sera la cinquante-millionième partie de 300000^{km}, c'est-à-dire 6^m.

Les mêmes considérations font prévoir que le petit excitateur de Hertz donnera des vibrations dix fois plus rapides et par conséquent une longueur dix fois plus petite.

Nous verrons plus loin que ces prévisions théoriques ont été confirmées par la mesure directe des longueurs d'onde.

CHAPITRE V.

MOYENS D'OBSERVATION.

1. Principe du résonateur. — Un excitateur développe dans l'espace environnant des courants de déplacement et des effets d'induction; ou bien encore, il produit par induction une perturbation en un point d'un fil, et cette perturbation se propage ensuite tout le long de ce fil. Il nous reste à voir comment on peut mettre ces effets en évidence.

Pour cela on se sert ordinairement du résonateur. Quand un

diapason vibre, ses vibrations se transmettent à l'air environnant, et, si dans le voisinage se trouve un diapason d'accord avec le premier, il entre à son tour en vibration. De même un excitateur électrique développe une perturbation dans le champ qui l'entoure et fait entrer en vibration un second excitateur placé dans ce champ, si les deux périodes de vibrations sont les mêmes. L'excitateur devient ainsi un résonateur.

Mais il y a une grande différence entre la résonance acoustique et la résonance électrique. Un résonateur acoustique répond très bien aux excitations qui sont parfaitement d'accord avec lui. Sa réponse est pratiquement nulle, si peu que les périodes diffèrent. Un résonateur électrique répond bien aux excitations avec lesquelles il est d'accord; il répond un peu moins bien à celles dont la période est peu différente et assez mal à celles qui sont en désaccord notable avec lui.

Voici la raison de cette différence : les vibrations acoustiques s'amortissent lentement, leur amplitude est sensiblement constante; les vibrations électriques s'amortissent rapidement. C'est pour cette raison que la résonance est moins franche et comme un peu floue.

Un résonateur n'est autre chose qu'un excitateur dans lequel on a supprimé la bobine d'induction devenue inutile; cette bobine ne sert en effet qu'à charger l'excitateur, et ici c'est le champ extérieur qui doit mettre en mouvement le résonateur.

D'ailleurs, toute forme d'excitateur pourrait être employée comme résonateur. Ordinairement on supprime les deux conducteurs extrêmes et l'on n'emploie guère que deux types, le *résonateur ouvert* où le fil ou conducteur intermédiaire reste rectiligne, et le *résonateur fermé* où il est recourbé en cercle de façon que ses deux extrémités deviennent très voisines l'une de l'autre.

2. Fonctionnement du résonateur. — Quand le son se propage dans un tuyau d'orgue, il se réfléchit à une extrémité, revient en arrière, se réfléchit à l'autre extrémité, revient encore en sens contraire, et ainsi de suite. Toutes ces ondes réfléchies interfèrent entre elles, s'ajoutant si elles sont d'accord, se détruisant dans les cas contraires. C'est ainsi que certains sons sont renforcés et d'autres éteints.

Le mécanisme du résonateur électrique est tout à fait semblable. La perturbation se propageant le long du fil se réfléchit aux deux extrémités, et l'accumulation de toutes ces ondes réfléchies renforce les vibrations électriques dont la période est convenable.

J'ai expliqué plus haut pourquoi il est nécessaire de munir les excitateurs d'un interrupteur à étincelle qui produit brusquement le déclanchement du pendule électrique. La même raison n'existe plus ici, puisque c'est le champ extérieur qui met le résonateur en branle. Mais il ne suffit pas que le résonateur vibre, il faut que nous sachions qu'il vibre. L'étincelle sert à nous en avertir; au milieu du résonateur ouvert, on conservera donc un interrupteur à étincelles. Les étincelles secondaires produites ainsi dans le résonateur sont beaucoup plus courtes que les étincelles primaires de l'excitateur : elles n'ont que quelques centièmes de millimètre.

Avec le résonateur fermé, on se borne à rapprocher les deux extrémités assez près pour que l'étincelle puisse jaillir entre elles. Quand alors l'amplitude des vibrations devient assez grande, la différence de potentiel entre les deux extrémités peut atteindre une valeur suffisante pour que l'étincelle éclate; c'est alors seulement qu'on est averti de l'existence des vibrations. C'est comme si de l'eau oscillait dans un vase, et si l'on ne s'en apercevait qu'au moment où le balancement serait assez fort pour qu'un peu d'eau débordât.

Si les deux extrémités d'un tuyau sonore étaient fermées, la demi-longueur d'onde serait égale à la longueur totale du tuyau : par analogie, la demi-longueur d'onde de la vibration propre d'un résonateur sera la longueur totale du fil, si les deux extrémités n'ont aucune capacité; cette extrémité est alors assimilable à l'extrémité fermée d'un tuyau; car le courant est nul en ce point, que l'électricité ne peut traverser, et où elle ne peut s'accumuler.

Cela cesse d'être vrai dès que la capacité des extrémités devient sensible, et c'est pour cela que la demi-longueur d'onde d'un résonateur fermé est un peu plus grande que la longueur du fil.

Cela doit nous aider à comprendre le fonctionnement du résonateur ouvert. Soit un fil AD interrompu en son milieu par un interrupteur à étincelles BC. Cet interrupteur est très court, quelques centièmes de millimètre seulement : l'extrémité B de AB et l'extrémité C de CD forment donc comme les armatures d'un condensateur dont la lame isolante serait très mince et par conséquent la capacité notable; elles se comporteront donc plutôt comme l'extrémité *ouverte* que comme l'extrémité fermée d'un tuyau sonore.

Si l'étincelle passe, le résonateur AD vibre tout entier à la façon d'un tuyau dont les extrémités seraient fermées, et la demi-longueur d'onde est AD. Si l'étincelle ne passe pas, les deux moitiés du résonateur, AB et CD, vibrent séparément, mais à la façon d'un tuyau dont une extrémité serait ouverte et l'autre fermée. La demi-longueur d'onde est donc deux fois AB, c'est-à-dire encore AD.

3. Divers modes d'emploi de l'étincelle. — On peut éviter l'emploi du résonateur qui déforme la vibration en en exagérant certaines harmoniques. Supposons que la perturbation se propage le long d'un fil, et que deux points de ce fil soient rapprochés l'un de l'autre. La perturbation atteindra le premier de ces points avant l'autre, de sorte qu'à un moment il y aura une différence de potentiel entre ces deux points; si cette différence est assez grande, une étincelle éclatera. Par ce procédé, et en faisant varier la longueur de fil comprise entre les deux points entre lesquels on fait jaillir l'étincelle, MM. Pérot et Birkeland ont pu réunir des données suffisantes pour déterminer la forme de la perturbation.

Qu'on emploie ou non le résonateur, on comprend aisément comment l'étincelle se prête aux mesures. Une vis permet d'écarter plus ou moins les deux bornes de l'interrupteur, et l'on cherche à quelle distance il faut mettre ces bornes pour que les étincelles commencent à éclater.

Le phénomène devient beaucoup plus brillant si l'on se sert d'un tube de Geissler. Un tube à gaz raréfié s'illumine en effet quand il est placé dans le champ alternatif produit par un excitateur.

4. Procédés thermiques. — Au lieu d'observer les étincelles on peut étudier l'échauffement produit par les courants oscillatoires, soit dans un résonateur, soit dans le fil le long duquel se propage la perturbation.

Pour étudier l'échauffement des conducteurs, on peut employer différents moyens :

1° Mesurer l'allongement qui en résulte;
2° Mesurer la variation de leur résistance;
3° Se servir de pinces thermo-électriques.

I. La mesure de l'allongement est peu précise, malgré les dispositions ingénieuses qui ont été employées. Aussi n'y insisterons-nous pas, non plus que sur les expériences où l'on a mis à profit le mouvement de l'air chaud dans un tube entourant le fil conducteur.

II. La mesure de la variation de la résistance donne des résultats excellents. C'est au moyen du bolomètre qu'on opère : un pont de Wheatstone ordinaire a ses deux branches parcourues par le courant d'une pile; on fait passer en outre le courant oscillatoire dans une des branches.

Supposons le galvanomètre G au zéro et commençons à faire passer les oscillations dans une partie de la branche AB, par exemple; la branche AB s'échauffe, sa résistance diminue, l'équilibre est détruit et le galvanomètre dévié. Ce procédé est extrêmement sensible, puisque M. Tissot a pu s'en servir pour déceler des ondes de télégraphie sans fil à 40^{km} de distance.

III. On fait parcourir au courant alternatif un fil fin, dans le voisinage duquel (à $\frac{1}{10}$ de millimètre environ) on dispose la pince thermo-électrique. Ce procédé est très suffisamment sensible.

5. Procédés mécaniques. — Les procédés mécaniques, fondés soit sur les attractions électrostatiques, soit sur l'action mutuelle des courants, semblent au premier abord incapables de déceler les oscillations hertziennes. Ces oscillations sont en effet trop rapides pour qu'aucun organe mécanique puisse suivre toutes les variations des phénomènes électriques ou magnétiques : tout ce qu'on peut obtenir, c'est la valeur moyenne du phénomène.

Un galvanomètre, par exemple, recevant une série d'impulsions alternatives et de sens contraire, resterait en repos; la valeur moyenne du phénomène serait nulle.

De même, si l'on mettait les quadrants d'un électromètre en communication avec un appareil où se produisent des oscillations et si l'on portait l'aiguille à un potentiel constant, l'électrisation de l'aiguille conserverait toujours le même signe, celle des quadrants changerait de signe à chaque instant; leur action mutuelle changerait donc de sens, et sa valeur moyenne serait encore nulle.

Aussi, pour réaliser une action mécanique, M. Bjerknes s'est servi d'une autre disposition. Il emploie un électromètre à quadrants, auquel on n'a conservé que deux quadrants opposés. Ces quadrants sont mis respectivement en communication avec les deux extrémités d'un résonateur disposé, bien entendu, de façon à ne pas donner d'étincelles. L'aiguille de l'électromètre est isolée.

A un certain moment, l'aiguille va se charger par influence d'électricité positive à une de ses extrémités, d'électricité négative à l'autre; les quadrants exercent sur elle une certaine action. Une demi-période après, le signe de la charge des quadrants a changé, mais l'électrisation par influence de l'aiguille a également changé de sens, de sorte que le sens de l'action n'a pas été changé.

6. Comparaison des divers procédés. — Il y a une grande différence entre les procédés fondés sur l'étincelle et les procédés thermiques ou mécaniques.

L'étincelle éclate ou n'éclate pas, et, pour qu'elle éclate, il suffit

qu'*à un instant quelconque* le potentiel ait été suffisamment
grand. Elle nous renseigne donc sur *l'amplitude maxima de
l'oscillation.*

Au contraire les procédés thermiques ou mécaniques nous font
connaître des moyennes; ils nous renseignent sur *l'amplitude
moyenne de l'oscillation.*

M. Bjerknes, en employant concurremment les deux sortes de
procédés, a pu mesurer l'amortissement de la vibration propre
d'un résonateur.

On conçoit en effet que plus une oscillation s'amortit vite,
plus le rapport de l'amplitude moyenne à l'amplitude maxima est
petit. Or, la comparaison des deux procédés nous permet précisément de mesurer ce rapport.

CHAPITRE VI.

LE COHÉREUR.

1. Radioconducteurs. — M. Branly a imaginé un récepteur
beaucoup plus sensible qu'il appelle *radioconducteur,* et qui est
fondé sur un principe entièrement différent. L'importance de ses
applications m'oblige à y consacrer un Chapitre spécial. Le radioconducteur a reçu également le nom de *cohéreur.*

Supposons un tube de verre dont la section est assez étroite et
qui est rempli de limaille métallique. Chacun des morceaux de
limaille est bon conducteur de l'électricité : mais l'électricité
rencontre une résistance notable pour passer d'un morceau à
l'autre, de sorte que la résistance totale de l'appareil s'exerce
presque exclusivement aux points de contact des divers petits
morceaux entre eux.

Or, l'expérience prouve que cette résistance diminue considérablement quand l'appareil est exposé aux radiations hertziennes,
c'est-à-dire aux forces d'induction qui s'exercent dans le voisinage d'un excitateur de Hertz et qui changent de sens un très
grand nombre de fois par seconde.

Je reviendrai plus loin sur l'explication de ce phénomène;
pour le moment, je me bornerai à dire que l'on a observé des
effets analogues en exposant le radioconducteur, non pas aux
radiations hertziennes, mais à d'autres influences d'une nature

toute différente, mais de caractère périodique et de période très courte, par exemple aux vibrations sonores.

Quoi qu'il en soit, les radiations hertziennes agissent comme si elles rendaient plus intime le contact des diverses particules de limaille. Une secousse ou une élévation de température suffit ensuite pour rendre au radioconducteur sa résistance primitive.

Supposons donc que dans le circuit d'une pile on place un radioconducteur exposé aux radiations que produit un excitateur de Hertz. Quand l'excitateur ne fonctionnera pas, le radioconducteur sera parcouru seulement par le courant continu de la pile. Quand l'excitateur fonctionnera, le radioconducteur sera parcouru d'une part par le courant continu de la pile, d'autre part par des courants alternatifs très rapides dus à l'induction développée par l'excitateur; mais, dans ce dernier cas, les courants alternatifs diminuant la résistance, le courant continu deviendra beaucoup plus intense, ce que le galvanomètre indiquera.

Ordinairement le cohéreur est isolant parce que les contacts des grains de limaille entre eux sont mauvais, et le courant de la pile ne passe pas. Mais si le cohéreur est frappé par une onde hertzienne, il devient conducteur, et le courant passe. Il suffit ensuite d'un choc léger pour lui faire perdre sa conductibilité et pour faire cesser le courant.

Ainsi, une onde très faible *déclanche*, pour ainsi dire, le courant de la pile, et rien n'empêche de prendre cette pile assez forte pour faire marcher un appareil Morse, soit directement, soit par l'intermédiaire d'un relais; le courant de la pile décèlera ainsi la présence des ondes.

2. Théorie du cohéreur. — Le cohéreur a reçu bien des formes différentes. D'abord on a employé diverses limailles ou *divers* mélanges de limailles. Une condition qui semble essentielle, c'est que les métaux employés soient légèrement oxydables; il est probable que les grains se recouvrent d'une mince couche d'oxyde qui s'oppose au passage du courant. Des limailles de métaux inoxydables le laisseraient toujours passer. Toutefois la couche d'oxyde ne doit pas être trop épaisse, sans quoi le tube resterait isolant, même en présence des oscillations hertziennes. C'est pourquoi M. Lodge conseille de sceller le tube et d'y faire le vide quand les métaux ont atteint un degré convenable d'oxydation. On peut obtenir aussi de bons résultats avec de la limaille d'argent, légèrement sulfurée à la surface, la couche de sulfure jouant alors le même rôle que la couche d'oxyde.

On a construit également des cohéreurs à limaille inoxydable, mais en prenant pour les électrodes des métaux oxydables. Il est probable alors que la résistance a lieu au contact de la limaille et des électrodes.

C'est par tâtonnement qu'on est arrivé au mélange le plus avantageux ; celui qu'emploie Marconi comprend 96 pour 100 de limaille de nickel et 4 pour 100 de limaille d'argent.

Les contacts multiples entre des grains de limaille ne sont pas indispensables; on a pu réaliser des cohéreurs où il n'y a qu'un contact unique ou un petit nombre de contacts entre des pièces métalliques de dimensions sensibles, par exemple de petites billes ou de petits ressorts d'acier appuyés l'un sur l'autre.

On a construit d'autre part des cohéreurs où le contact sensible a lieu entre charbon et métal, ou entre charbon et charbon (comme dans les microphones). Ces cohéreurs jouissent d'une propriété importante : ils sont *autodécohérents;* c'est-à-dire qu'après le passage de l'onde ils reprennent d'eux-mêmes leur résistance primitive, sans qu'il soit nécessaire de leur faire subir un choc. On conçoit que cette propriété puisse devenir précieuse pour les applications téléphoniques; si l'on veut faire en effet de la téléphonie sans fil, les signaux à transmettre sont les vibrations sonores, qui, pour les sons aigus, se succèdent très rapidement. Il serait donc impossible, par des moyens mécaniques, de rendre au cohéreur, après chaque vibration, sa résistance perdue.

Mentionnons, pour terminer, des appareils que l'on a appelés *décohéreurs* et dont la résistance augmente, au lieu de diminuer, sous l'influence des ondes hertziennes. Ces appareils ont reçu diverses formes. La plus remarquable se compose de plaques métalliques superposées. Le contact des deux plaques présente une certaine résistance qui diminue quand les plaques sont mouillées; mais la résistance primitive reparaît quand les plaques mouillées sont soumises aux ondes électriques. Les décohéreurs n'ont pas toutefois jusqu'ici reçu d'applications pratiques.

Enfin, l'on a employé avec un grand succès, dans ces derniers temps, des cohéreurs dits *électrolytiques* où la résistance variable se produit, non au contact de deux métaux, mais au contact d'une électrode métallique et d'un électrolyte liquide.

3. Explication des phénomènes. — Tels sont les faits à expliquer. On a donné au tube à limaille deux noms différents : Lodge l'a appelé *cohéreur* et Branly *radioconducteur*. Ces deux dénominations correspondent à des idées théoriques très différentes. Branly suppose que les radiations hertziennes modifient le diélectrique qui sépare les grains de limaille. Lodge pense qu'entre ces grains les ondes hertziennes font éclater des étincelles qui percent les couches isolantes d'oxyde, arrachent des particules des grains de limaille et de ces particules forment des ponts qui soudent pour ainsi dire ces grains l'un à l'autre. Ces ponts, une fois formés, subsisteraient jusqu'à ce qu'un choc les force à s'écrouler; dans les appareils autodécohérents ils seraient plus fragiles encore et disparaîtraient dès que les radiations cesseraient de passer.

La plupart des physiciens ont adopté l'opinion de Lodge; car plusieurs expérimentateurs ont pu observer directement sous le microscope la production des étincelles et la formation des ponts. Ils ne s'étaient pas placés, il est vrai, dans des conditions tout à fait identiques à celles de la télégraphie pratique.

Ce qui est plus difficile à expliquer, dans cette manière de voir, c'est le fonctionnement des cohéreurs où les grains de limaille sont noyés dans un diélectrique solide, tel que la paraffine. On suppose que les étincelles creusent dans la paraffine de petits canaux dont les parois se revêtent de poussière métallique. Dans les décohéreurs, elles agiraient en volatilisant de petits ponts métalliques préexistants, ou en réduisant partiellement en vapeur l'eau qui mouille les plaques. Mais tout cela reste très hypothétique.

4. Fonctionnement du cohéreur. — Le cohéreur doit être réglé; pour cela on rapproche plus ou moins les deux électrodes pour faire varier la pression mutuelle des grains de limaille; si cette pression est trop grande, le courant passe toujours; si elle est trop faible, les ondes hertziennes ne suffisent plus pour lui ouvrir le passage; mais entre certaines limites la résistance qui est de l'ordre du mégohm devient subitement un million de fois plus petite sous l'influence des radiations et tombe à l'ordre de l'ohm.

Si l'on réfléchit à l'explication de Lodge, l'extrême sensibilité du cohéreur paraîtra moins extraordinaire. Pour qu'il fonctionne, il suffit que l'étincelle éclate et pour cela qu'à *un moment quelconque* la différence de potentiel atteigne une certaine limite (limite d'ailleurs très faible puisque les intervalles des grains de limaille sont microscopiques); tout dépend donc de l'ébranlement *maximum*. Or, celui-ci peut être considérable bien que l'énergie totale soit très faible parce que la durée de la perturbation est très courte.

Peu importe que ce maximum ne soit atteint que pendant un instant, car, dès que l'étincelle a jailli, les ponts sont formés et livrent passage au courant de la pile locale. L'effet de l'onde persiste donc jusqu'à ce qu'un choc le fasse cesser. Il y a là quelque chose d'analogue à la « persistance des impressions » à laquelle notre rétine doit en partie sa sensibilité.

On comparera le récepteur de Branly au bolomètre décrit plus haut; dans les deux appareils, les oscillations hertziennes ont pour effet de faire varier la résistance d'un conducteur parcouru par un courant continu; mais la variation de résistance est due à deux causes très différentes; dans un cas à l'échauffement du fil, dans l'autre à un contact plus intime entre les particules de limaille.

Le radioconducteur est d'ailleurs infiniment plus sensible; nous le retrouverons dans les expériences de Bose au Chapitre XI; c'est lui aussi qui a rendu possible la télégraphie sans fil.

A un certain point de vue on peut même dire que le cohéreur est un appareil trop sensible; il n'admet d'ailleurs pas de nuances; il fonctionne complètement ou ne fonctionne pas du tout, puisque ce n'est qu'un appareil de déclanchement. Il n'aurait donc pu remplacer le résonateur dans la mesure des longueurs d'onde ou dans les autres expériences que nous avons décrites plus haut.

Si Hertz n'avait connu que le cohéreur, il n'aurait jamais pu mettre en évidence la périodicité des vibrations électriques et mesurer les longueurs d'onde. En revanche, pour toutes les applications pratiques, le cohéreur est un détecteur infiniment supérieur à tous les autres.

On s'est servi du radioconducteur pour rechercher si le Soleil émet des radiations hertziennes; le résultat a été négatif. Peut-être ces radiations sont-elles absorbées par l'atmosphère solaire.

Sans doute, l'expérience montre que les gaz à la pression ordinaire sont assez transparents pour ces radiations. Mais en est-il de même pour les gaz très raréfiés? Nous avons vu qu'un tube de Geissler s'illumine dans un champ où se produisent des oscillations hertziennes. Il ne s'illumine pas sans absorber de l'énergie; les gaz raréfiés absorbent donc les radiations hertziennes, et il est possible que celles que le Soleil pourrait émettre soient absorbées par la partie supérieure des deux atmosphères, où la pression est très faible.

5. Détecteurs magnétiques. — Dans ces derniers temps M. Marconi a imaginé un détecteur fondé sur un principe totalement différent. Les ondes hertziennes auraient la propriété de détruire l'hystérésis des aimants. On sait qu'un morceau de fer, placé dans un champ magnétique, s'aimante, mais que cette aimantation demande un certain temps pour s'établir. Il en résulte que, dans un champ magnétique variable, les variations de l'aimantation sont en retard sur celles du champ qui la produit. C'est ce retard qu'on appelle hystérésis et qui disparaît sous l'action des ondes hertziennes. On peut, en utilisant cette propriété, construire un détecteur d'ondes qui est, dit-on, aussi sensible que le cohéreur de Branly.

Supposons en effet que le morceau de fer soit entouré d'une bobine de fil se fermant dans un téléphone. Quand l'aimantation du fer variera, il se formera dans la bobine des courants induits qui circuleront dans le téléphone.

Normalement, si le champ magnétique varie lentement, l'aimantation du fer variera lentement avec un léger retard dû à l'hystérésis, et on n'entendra aucun son dans le téléphone.

Faisons maintenant fonctionner l'excitateur. A chaque interruption du primaire de la bobine de Ruhmkorff, l'excitateur émettra une série de vibrations. Sous l'influence de ces vibrations le fer perdra son hystérésis, et son aimantation rattrapera *brusquement* son retard (tel un baromètre qui avance brusquement quand on frappe dessus). On aura donc autant de variations brusques de l'aimantation que d'interruptions du primaire de la bobine ; et le téléphone émettra un son qui aura par seconde autant de vibrations que le trembleur de cette bobine produira d'interruptions.

Nous ne ferons que mentionner en passant d'autres détecteurs d'une extrême sensibilité. Tel est le détecteur électrolytique qui se compose essentiellement d'une pointe métallique très fine plongeant dans un vase contenant un acide. Cette électrode se polarise, de sorte que le courant de la pile ne passe pas ; les ondes électriques détruisent cette polarisation et permettent le passage du courant. Tel est également l'*audion* formé d'une ampoule à incandescence dans laquelle pénètre une électrode. Entre le filament incandescent et l'électrode naît un courant que l'on peut fermer sur un galvanomètre ou sur un récepteur téléphonique.

Quand l'ampoule est placée dans un champ électromagnétique oscillant, ce courant subit des variations que l'on peut rendre sensibles au téléphone. Bien entendu les ondes hertziennes seraient beaucoup trop rapides pour donner directement un son perceptible. Il faudra, pour en obtenir, faire varier l'intensité de ces ondes de façon que la période de ces variations soit du même ordre de grandeur que pour les vibrations sonores.

CHAPITRE VII.

PROPAGATION LE LONG D'UN FIL.

---

1. Production des perturbations dans un fil. — Un excitateur de Hertz produit des forces d'induction dans le champ qui l'environne. Si l'on place dans ce champ un long fil métallique, ces forces d'induction développeront dans la partie du fil voisine de l'excitateur des courants alternatifs, c'est-à-dire une perturbation électro-magnétique qui se propagera tout le long du fil.

Pour forcer les perturbations électro-magnétiques à parcourir un fil, on peut employer différents procédés, parmi lesquels nous distinguerons le procédé électrostatique de Hertz et le procédé électro-magnétique de M. Blondlot.

Méthode de Hertz. — Deux plateaux, A, B, de grande capacité, remplacent les deux sphères de l'excitateur (*fig.* 3) : vis-à-vis de ces deux plateaux en sont placés deux autres A', B', au milieu de chacun desquels est attaché un fil d'une certaine longueur. On augmente ainsi les capacités des plateaux A et B, en formant avec chacun d'eux une forme de condensateur.

Fig. 3.

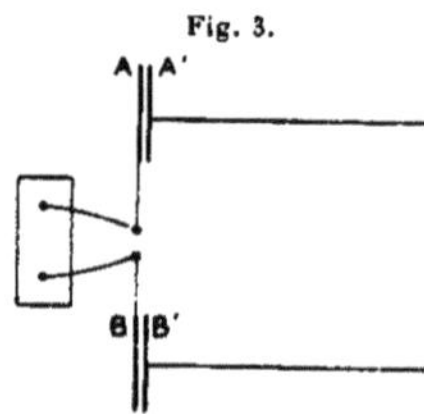

Si l'excitateur entre en mouvement, l'un des plateaux, A par exemple, se charge positivement, B négativement; au bout d'une demi-oscillation, les charges changent de signes, et le même fait se reproduit au bout de temps égaux.

Les plateaux A' et B' se chargent par influence d'électricités de

signes contraires à celles des plateaux A et B, et les fils deviennent
le siège d'un phénomène ondulatoire dont la période est celle de
l'excitateur.

Méthode de M. Blondlot. — L'excitateur a la forme d'un fil
recourbé aboutissant à une sorte de condensateur (*fig.* 4) :

Fig. 4.

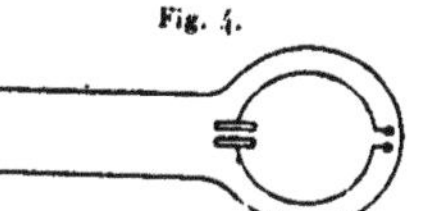

autour de ce premier fil, s'en trouve un second qui se continue
par un fil rectiligne de grande longueur. On isole les deux fils
circulaires l'un de l'autre en les entourant d'une gaine de
caoutchouc.

Quand les vibrations se produisent, l'excitateur est le siège de
courants périodiques qui donnent lieu dans le deuxième fil à des
courants induits de même période.

2. Mode de propagation. — La propagation d'une perturbation hertzienne, c'est-à-dire un courant alternatif de haute fréquence, est-elle assimilable de tous points à la propagation d'un
courant continu, tel que celui que fournirait une pile ?

Une première différence a frappé depuis longtemps les expérimentateurs : un courant continu se répartit uniformément dans
toute la section du conducteur.

Cela n'est déjà plus vrai pour les courants alternatifs de faible
fréquence employés dans l'industrie électrique. Dans l'axe du
conducteur, le courant est presque nul, son intensité est beaucoup plus grande à la surface. Tout se passe comme si le courant
superficiel protégeait la partie centrale du conducteur contre les
actions extérieures par les forces d'induction qu'il développe.

Avec les oscillations hertziennes dont la période est beaucoup
plus courte, on doit s'attendre à voir le même phénomène exa-
géré. Il ne doit plus y avoir de courant en dehors d'une couche
superficielle extrêmement mince. Bjerknes a vérifié cette prévision par un procédé ingénieux.

J'ai dit (p. 33) comment ce savant mesure l'amortissement
d'un résonateur. Cet amortissement dépend de la matière dont
le fil est fait. Il n'est pas le même pour un résonateur en fer et
pour un résonateur en cuivre.

Bjerknes recouvre, par électrolyse, le résonateur de fer d'une

couche de cuivre et le résonateur de cuivre d'une couche de fer.
Dès que l'épaisseur de cette couche atteint un centième de millimètre, le résonateur de fer se comporte comme s'il était en
cuivre et le résonateur de cuivre comme s'il était en fer.

Cela montre que les courants restent confinés dans une couche
dont l'épaisseur est de l'ordre du centième de millimètre. Cet effet
est conforme à la fois à l'ancienne théorie et à celle de Maxwell.

Mais la théorie de Maxwell permet de prévoir une autre
particularité qui, malheureusement, ne se prête guère à une
vérification expérimentale directe. Les courants alternatifs qui
circulent dans un fil produisent des forces d'induction dans l'air
qui entoure ce fil.

D'après Maxwell, ces forces d'induction doivent donner naissance dans l'air lui-même à des courants de déplacement.

On aurait donc, avec les courants continus, des courants de
conduction dans toute la masse du conducteur et rien dans l'air
environnant; on aurait au contraire, avec les courants alternatifs
de haute fréquence, des courants de conduction dans la partie
superficielle du conducteur, rien dans la partie centrale, et des
courants de déplacement dans l'air.

3. Vitesse de propagation et diffusion. — Kirchhoff a cherché
à calculer la vitesse de propagation d'une perturbation électrique
quelconque. Il a supposé d'abord que le conducteur était parfait,
et que le courant, ne rencontrant pas de résistance ohmique,
n'avait à surmonter que la self-induction qui joue un rôle analogue à l'inertie. Dans ces conditions, il a démontré que la
vitesse de propagation est égale au rapport des unités, c'est-
à-dire à la vitesse de la lumière, 300000^{km} par seconde.

De plus, la propagation se fait régulièrement : si la perturbation se trouve à l'origine confinée dans une certaine région du
fil, longue de 1^m par exemple, au bout de 1 cent-millième de
seconde, la tête de l'onde aura avancé de 3^{km}, et la queue de
l'onde aura également avancé de 3^{km}; de sorte que la distance
de la tête à la queue n'aura pas changé et que la perturbation
n'occupera encore sur le fil qu'une longueur de 1^m.

Mais ces conditions théoriques ne sont pas réalisées avec les
conducteurs naturels qui opposent aux courants, outre la self-
induction, une résistance ohmique analogue au frottement.
Qu'arrive-t-il alors? La tête de l'onde avancera toujours avec la
même vitesse, celle de la lumière: mais la queue avancera beaucoup moins vite, de sorte que la longueur occupée par la perturbation deviendra de plus en plus grande. Ainsi s'allonge sur une
route une colonne qui laisse derrière elle des traînards. C'est ce
qu'on appelle la *diffusion du courant*.

La diffusion est d'autant moins à craindre que la période des oscillations est plus courte. Pratiquement, on peut dire qu'avec les oscillations hertziennes, il n'y a plus de diffusion, et que tous les conducteurs se comportent comme s'ils étaient parfaits.

Non que leur résistance ohmique devienne plus petite, elle est au contraire plus grande, puisque le courant n'utilise que la partie la plus superficielle de la section du conducteur. Mais la self-induction, qui dépend des variations du courant, croît beaucoup plus vite encore puisque ces variations sont extrêmement rapides, et la résistance ohmique devient négligeable devant la self-induction.

Telles sont les conséquences que la théorie ancienne et celle de Maxwell permettent de prévoir: car, sur ce point, les deux théories sont d'accord. Nous allons voir que ces prévisions sont confirmées par l'expérience.

4. Expériences de MM. Fizeau et Gounelle. — Les expériences de MM. Fizeau et Gounelle ont été faites en 1850, par une méthode fondée sur le même principe que le procédé célèbre de Fizeau pour la mesure de la vitesse de la lumière.

Une roue de bois, qui tournait avec une grande rapidité, avait sa circonférence divisée en 36 secteurs alternativement en platine et en bois. Deux fils, terminés par un balai métallique qui frottait sur la circonférence de cette roue pouvaient ainsi être alternativement mis en communication métallique ou isolés l'un de l'autre. Il y avait aussi trois paires de balais disposés comme je vais l'expliquer.

L'un des pôles de la pile était en communication avec la terre et l'autre avec un premier fil AB terminé par le balai B. Il y avait encore le fil de ligne CDEE' allant du balai C à l'extrémité D de la ligne et revenant ensuite aux deux balais E et E'; enfin, deux fils F'G, FG' mettaient en communication les balais F et F' avec la terre.

Les secteurs de la roue pouvaient mettre en communication B avec C, E avec F, E' avec F', et la disposition était telle que les communications BC et EF étaient ouvertes et fermées en même temps, et que la communication E'F' était au contraire fermée quand les deux autres étaient ouvertes et inversement.

Voyons d'abord ce qui devrait se passer si l'électricité se propageait avec une vitesse parfaitement définie comme la lumière et le son. Appelons période l'intervalle de temps qui s'écoule entre le moment où un des balais entre en contact avec un des secteurs et celui où ce contact cesse, c'est-à-dire la 36e partie de la durée de 1 tour complet de la roue. Cette période sera d'autant plus courte que la rotation sera plus rapide.

Supposons que la durée **T** de la propagation le long de la ligne CDE soit égale à un nombre pair de périodes. L'électricité venue de la pile passera de B en C au moment où la communication BC sera ouverte. elle parcourra la ligne et arrivera au bout d'un temps T en E et en E'. A ce moment la communication EF sera ouverte et la communication E'F' fermée, et le courant passera dans le fil FG.

Si, au contraire, T était égal à un nombre impair de périodes, l'électricité en arrivant en E et en E' trouverait EF fermée et E'F' ouverte et le courant passerait dans le fil F'G'.

Ainsi la vitesse de rotation pourrait être telle que le courant passât tout entier dans FG, ou tout entier dans F'G'. Pour des vitesses intermédiaires, le courant se partagerait en proportions inégales entre les deux fils.

Les deux fils FG et F'G' s'enroulaient autour d'un galvanomètre différentiel, sur lequel ils exerçaient des actions de sens contraire, et l'observation de ce galvanomètre permettait de discerner si l'intensité moyenne dans FG l'emportait sur l'intensité moyenne dans F'G'.

On pouvait ainsi voir quelle devrait être la vitesse de rotation pour que T fût égal à un multiple donné de la période. On pouvait donc mesurer T, et, par conséquent, la vitesse de propagation.

Diverses circonstances, sur lesquelles nous reviendrons plus loin, venaient compliquer les phénomènes, et il en résultait que le courant dans FG (ou dans F'G') ne s'annulait jamais et présentait seulement une alternance de maxima et de minima dont les premiers était seuls observables.

Les observations de MM. Fizeau et Gounelle ont donné 100000^{km} pour la vitesse dans le fer et 180000^{km} pour la vitesse dans le cuivre.

5. Diffusion du courant. — J'ai dit tout à l'heure que le courant FG ne s'annule jamais, ainsi que cela devrait arriver si l'électricité se propageait avec une vitesse parfaitement déterminée. Tout se passe comme si la perturbation s'estompait, en se propageant, de façon à occuper plus d'étendue sur le fil à l'arrivée qu'au départ. Ce phénomène mis hors de doute par les expériences de Fizeau a été appelé par ce physicien la diffusion du courant.

J'ai exposé plus haut (p. 42) les raisons qui pouvaient le faire prévoir. Il est aisé d'en comprendre les conséquences. Tout doit, en somme, se passer comme si une partie de l'électricité se mouvait avec la vitesse même de la lumière, pendant que le reste suivrait avec une vitesse moindre et d'ailleurs variable. Nous aurions alors une forte tête de colonne s'avançant avec une vitesse de 3oo ooo^{km}, mais en laissant en arrière des traînards qui s'éparpilleraient sur la route.

La méthode de Fizeau mesure non pas la vitesse maximum, c'est-à-dire celle de la tête de colonne, mais la vitesse moyenne qui doit être notablement moindre. C'est ce qui explique pourquoi la vitesse observée est très inférieure à 3oo ooo^{km}.

La vitesse moyenne dans le fer est moindre que dans le cuivre pour deux raisons : 1° parce que le fer est magnétique, ce qui augmente la self-induction à cause de l'aimantation transversale ; 2° parce que sa résistance spécifique est plus grande que celle du cuivre, ce qui augmente l'influence de la diffusion.

Les expériences de Fizeau ne sont donc pas en désaccord avec la théorie.

6. Expériences de M. Blondlot. — La discussion qui précède montre suffisamment combien la propagation d'un courant continu, ou bien intermittent ou alternatif de basse fréquence, diffère de la propagation des perturbations hertziennes.

Ces dernières, en effet, sont de très courte durée et formées d'oscillations dont la période est excessivement courte.

On a donc lieu de penser que l'influence de la diffusion sera négligeable, le résidu laissé en arrière très faible, et la vitesse moyenne extrêmement voisine de la vitesse du front de l'onde, c'est-à-dire de 3oo ooo^{km}.

On ne pouvait donc rien conclure, en ce qui concerne ces perturbations, des expériences que nous venons de relater, et de nouvelles études étaient nécessaires : c'est ce qui a décidé M. Blondlot à entreprendre les expériences suivantes :

Son appareil se compose de deux bouteilles de Leyde symétriques F et F' de petite capacité. Les armatures intérieures A et A' sont mises en communication par un fil, interrompu en son milieu par un micromètre à étincelles. Les deux bornes de ce micromètre sont reliées à une bobine de Ruhmkorff. L'ensemble de ces armatures A et A', du fil qui les joint et du micromètre, constitue un véritable excitateur que j'appelle E.

L'armature extérieure de chacune des deux bouteilles F et F' est divisée en deux parties isolées. J'appelle B et C les deux parties de l'armature extérieure de F, B' et C' celles de l'armature extérieure de F'.

B et B' sont mises en communication de deux manières :

1° Par une corde mouillée ;

2° Par un fil métallique court, interrompu en son milieu par un micromètre à étincelles dont les bornes sont formées par deux pointes métalliques P et P'.

De même C et C′ sont mises en communication de deux manières :

1° Par une corde mouillée;

2° Par un fil de ligne. Ce fil va d'abord de l'armature C au point D, à l'extrémité de la ligne, puis revient de D à la pointe P dont j'ai parlé plus haut; après avoir traversé le micromètre, l'électricité doit aller de la pointe P′ au point D′ à l'extrémité de la ligne, puis revenir du point D′ à l'armature C′. Les poteaux télégraphiques portent ainsi quatre fils, CD, DP, P′D′, D′C′. et l'électricité pour aller de C en C′ par ce chemin, en traversant le micromètre, doit parcourir quatre fois toute la longueur de la ligne, deux fois à l'aller, deux fois au retour.

On peut donc aller de B en B′ ou de C en C′ par deux chemins, par une corde mouillée de grande résistance, ou par un chemin métallique, mais interrompu par un micromètre.

Si les variations de potentiel sont lentes, l'électricité passera tout entière par une corde mouillée; car la différence de potentiel entre les deux points P et P′ ne deviendra jamais assez grande pour que l'étincelle éclate, et le micromètre restera isolant.

Si, au contraire, ces variations sont rapides, l'étincelle éclatera, frayera un chemin à l'électricité, à travers le micromètre PP′, la quasi-totalité de l'électricité passera par le chemin métallique, et il ne passera par la corde mouillée qu'une quantité négligeable à cause de la grande résistance de cette corde.

Voici comment fonctionnera l'appareil. La bobine de Ruhmkorff chargera les armatures intérieures A et A′, par exemple A positivement et A′ négativement. Les armatures B et C se chargeront positivement. Il faut donc qu'une certaine quantité d'électricité aille de B en B′ et de C en C′; mais, comme les variations sont relativement lentes, cette électricité passera par les cordes mouillées.

A un certain moment, l'étincelle de l'excitateur E éclatera. Cette étincelle sera oscillante, comme son aspect le montre suffisamment. Les armatures A et A′ vont se décharger brusquement, de sorte que les électricités accumulées sur les armatures B, C, B′ et C′ vont devenir libres brusquement et simultanément. L'électricité va donc repasser de B′ en B et de C′ en C, mais cette fois en suivant le chemin métallique, car les variations sont brusques.

Deux étincelles éclateront dans le micromètre PP′, qui est la partie commune aux deux chemins métalliques BB′ et CC′. La première étincelle éclatera au moment où la perturbation partie de B arrivera en P, la seconde au moment où la perturbation partie de C arrivera en P. Comme le chemin BC est très court,

l'intervalle de temps qui s'écoulera entre les deux étincelles sera
égal au temps que la perturbation mettra à parcourir le chemin
CDP. C'est cette longueur CDP que j'appelle la longueur de la
ligne; elle est le double du fil d'aller CD, qui va à l'extrémité de
la ligne et la moitié du chemin total CDPP'D'C'.

L'intervalle de temps entre les deux étincelles était apprécié à
l'aide d'un miroir tournant qui envoyait la lumière des étincelles sur une plaque sensible: on n'avait plus qu'à mesurer la
distance des deux images obtenues sur cette plaque.

Les premières expériences où la longueur de la ligne était d'un
peu plus de 1^{km} ont donné en moyenne une vitesse de $293\,000^{km}$;
avec une longueur de ligne de 1800^m, on a obtenu ensuite en
moyenne une vitesse de $298\,000^{km}$.

CHAPITRE VIII.

MESURE DES LONGUEURS D'ONDE ET RÉSONANCE MULTIPLE.

1. Ondes stationnaires. — Les expériences que nous venons
de relater montrent que la vitesse de propagation le long d'un
fil est la même que celle de la lumière. Pour avoir le nombre
de vibrations par seconde, il nous reste à mesurer la longueur
d'onde et à diviser par cette longueur le chemin parcouru en
une seconde, c'est-à-dire $300\,000^{km}$.

Pour cela, Hertz a cherché à se servir du phénomène des
ondes stationnaires. Supposons une perturbation périodique se
propageant le long d'un fil; arrivée à l'extrémité de ce fil, elle
va se réfléchir et reviendra en arrière. Il va donc falloir com-
poser la perturbation directe et la perturbation réfléchie. Deux
perturbations périodiques s'ajoutent si elles sont de même phase,
c'est-à-dire si les courants alternatifs dus à ces deux perturbations sont positifs en même temps et négatifs en même temps;
elles se retranchent si elles sont de phases contraires, c'est-à-
dire si les courants dus à l'une sont positifs au moment où
ceux qui sont dus à l'autre sont négatifs, ou inversement.

Les deux perturbations, directe et réfléchie, sont de même
phase et s'ajoutent, si leur différence de marche est d'un nombre
entier de longueurs d'onde; les points correspondants du fil, où
l'action est maximum, s'appellent des *ventres*.

Ces deux perturbations sont de phases opposées et se retranchent, si leur différence de marche est d'un nombre entier de demi-longueurs d'onde; les points correspondants du fil, où l'action est nulle, s'appellent des *nœuds*.

La distance de deux nœuds consécutifs est égale à la moitié de la longueur d'onde.

Soient en effet A et B ces deux nœuds; en A, la différence de marche doit être d'un nombre impair de demi-longueurs d'onde, par exemple de $2n+1$ demi-longueurs d'onde. L'onde directe passera en B après avoir passé en A; l'onde réfléchie, au contraire, passera en B avant de passer en A. Quand on passe du point A au point B, le chemin parcouru par l'onde directe a donc augmenté de AB, tandis que le chemin parcouru par l'onde réfléchie a diminué de AB. Ainsi la différence de marche a diminué de $2AB$. Mais, comme le point B est un nœud, cette différence de marche doit être encore un nombre impair de demi-longueurs d'onde, soit $2n-1$ demi-longueurs. Il faut donc que $2AB$ soit précisément égal à une longueur d'onde.

Tel est le phénomène des ondes stationnaires, comme le comprenait d'abord Hertz, qui espérait en tirer un moyen simple pour mesurer les longueurs d'onde.

Malheureusement, comme nous allons le voir, les choses sont un peu plus compliquées.

La réflexion à l'extrémité du fil peut se faire de différentes manières. Si le fil se termine sans aboutir à une capacité, l'électricité ne peut s'accumuler à l'extrémité, le courant doit donc s'y annuler, l'extrémité est un nœud.

C'est le contraire, si le fil aboutit à une capacité considérable, si par exemple les deux fils parallèles représentés sur les figures des pages 39 et 40, aboutissent aux deux armatures d'un condensateur; l'extrémité est alors un ventre.

On peut encore réunir les extrémités de ces deux fils parallèles. La perturbation qui a parcouru l'un des fils dans le sens direct, reviendra par l'autre fil qu'elle suivra dans le sens rétrograde: en interférant avec la perturbation qui suit ce second fil dans le sens direct, elle produira encore des ondes stationnaires.

2. Résonance multiple. — J'ai dit (page 29) qu'un résonateur répond bien à un excitateur avec lequel il est parfaitement d'accord; mais qu'il répond encore, quoique moins bien, à un excitateur dont la période est différente.

Il en résulte que l'on peut opérer, quoique moins facilement, avec un excitateur et un résonateur dont les périodes diffèrent notablement. C'est ce qu'ont fait MM. Sarasin et de la Rive.

Ils ont constaté une loi inattendue, qu'ils ont appelée loi de la résonance multiple. L'internœud, ou distance de deux nœuds, qui d'après ce qui précède doit mesurer la demi-longueur d'onde, change quand on change le résonateur en conservant le même excitateur; il ne change pas quand on change l'excitateur en conservant le même résonateur.

Ce que l'on mesure, c'est donc quelque chose qui est propre au résonateur; l'internœud est donc la demi-longueur d'onde de la vibration propre du résonateur et non la demi-longueur d'onde de la vibration de l'excitateur.

Voici l'explication proposée par MM. Sarasin et de la Rive. La perturbation émanée de l'excitateur est complexe et résulte de la superposition d'une infinité de vibrations simples, que l'on peut appeler ses composantes. Telle une source lumineuse qui produit non pas une lumière monochromatique, mais une lumière blanche donnant un spectre continu.

Chaque résonateur ne répond qu'à l'une de ces composantes; quand on se sert d'un résonateur, on mesure la longueur d'onde de cette composante, et les autres composantes n'ont aucune influence. En d'autres termes, on mesure la longueur d'onde de la vibration propre du résonateur.

C'est ainsi qu'en acoustique, un son complexe formé de plusieurs harmoniques peut être analysé par un résonateur qui ne laisse subsister que l'une de ces harmoniques.

3. Autre explication. — Une autre explication est possible. Les vibrations émises par un excitateur doivent s'amortir très rapidement; car leur énergie est promptement transformée en chaleur par la résistance de l'étincelle, ou dissipée par le rayonnement.

Qu'arrive-t-il alors? J'ai dit plus haut que l'onde réfléchie s'ajoute à l'onde directe ou s'en retranche et que c'est cette combinaison des deux ondes qui produit les ondes stationnaires. Mais considérons un point A un peu éloigné de l'extrémité du fil; pendant le temps que met la perturbation à aller du point A à cette extrémité, puis, après la réflexion, à revenir de l'extrémité au point A, pendant ce temps, dis-je, l'onde directe a eu le temps de s'éteindre; ainsi, quand l'onde réfléchie arrive, l'onde directe a cessé; il ne peut donc y avoir combinaison, il ne peut y avoir d'onde stationnaire.

Il n'y aura donc d'onde stationnaire proprement dite que dans le voisinage de l'extrémité du fil.

Et cependant, *en se servant d'un résonateur*, on observe des alternances de nœuds et de ventres dans toutes les parties du fil. Comment cela se fait-il?

Pour l'expliquer, il suffit de supposer que les vibrations du résonateur s'amortissent beaucoup moins vite que celles de l'excitateur. Quand l'onde directe passe, elle met le résonateur en vibration; quand l'onde réfléchie revient, l'onde directe s'est éteinte dans le fil, mais le résonateur n'a pas cessé de vibrer. Il recevra alors une seconde impulsion; cette seconde impulsion va-t-elle accroître l'amplitude de ces vibrations ou la diminuer?

Faisons une comparaison.

Un pendule reçoit une première impulsion qui le fait se mouvoir par exemple de gauche à droite. Après une demi-oscillation, il va se mouvoir de droite à gauche; après une oscillation entière, il ira de nouveau de gauche à droite. En général, après un nombre entier d'oscillations, il ira de gauche à droite; après un nombre impair de demi-oscillations, il ira de droite à gauche.

Supposons qu'il reçoive une seconde impulsion *dans le même sens :* si cette impulsion se produit après un nombre entier d'oscillations, au moment où le pendule va de gauche à droite, elle tendra à augmenter sa vitesse; si elle se produit après un nombre impair de demi-oscillations, au moment où le pendule va de droite à gauche, elle tendra à la diminuer.

De même, avec le résonateur; cet appareil reçoit une première impulsion au moment du passage de l'onde directe, une seconde au moment du passage de l'onde réfléchie. Si, entre ces deux impulsions, il s'est produit un nombre entier d'oscillations du résonateur, c'est-à-dire si la différence de marche des deux ondes est un nombre entier de longueurs d'onde *du résonateur,* les effets des deux impulsions s'ajoutent et l'on observe un ventre. Si, au contraire, la différence de marche est un nombre impair de demi-longueurs d'onde du résonateur, les effets des deux impulsions se contrarient et l'on observe un nœud.

En résumé, la distance de deux nœuds doit être la demi-longueur d'onde du résonateur. La longueur d'onde de l'excitateur n'intervient pas.

Quelques remarques avant d'aller plus loin au sujet de cette seconde explication.

J'ai dit plus haut ce qui arrive, quand les deux impulsions reçues par le pendule sont dans le même sens; les effets seraient renversés, si elles étaient de sens contraires. Or, il est aisé de se rendre compte que l'impulsion due à l'onde directe et l'impulsion due à l'onde réfléchie pourront être, soit de même sens, soit de sens contraires, d'une part selon la façon dont s'est faite la réflexion (*cf.* page 47), d'autre part suivant la position du résonateur. Ainsi s'expliquent, de la façon la plus simple, les expériences de M. Turpain qui ont semblé paradoxales à quelques personnes et dont la symétrie suffit à rendre compte.

En second lieu, on peut se demander pourquoi l'appareil formé de deux longs fils n'est pas assimilable à un grand résonateur et répond indifféremment aux excitations de toutes les périodes. S'il n'y avait pas d'amortissement, les ondes réfléchies, interférant comme je l'ai expliqué page 29, produiraient des effets de résonance. Mais il n'en est pas ainsi; quand une des ondes réfléchies atteint un point du fil. l'onde directe s'est éteinte depuis longtemps, et il n'y a pas d'interférence.

4. Expériences de Garbasso et Zehnder. — Telles sont les deux explications entre lesquelles l'expérience peut seule prononcer.

M. Zehnder a cherché à observer directement le spectre continu prévu par la théorie de MM. Sarasin et de la Rive; il s'est servi d'une sorte de réseau qui doit séparer les diverses composantes de la vibration complexe émise par l'excitateur, de la même façon que le réseau d'ordinaire employé en optique sépare les diverses couleurs qui composent la lumière blanche.

M. Garbasso a cherché, par une disposition compliquée que je ne puis décrire ici, à imiter la dispersion que produit un prisme en agissant sur la lumière blanche.

Ces divers expérimentateurs ont obtenu les résultats qu'ils avaient prévus, ce qui paraîtrait confirmer l'explication de MM. Sarasin et de la Rive.

Ces expériences semblent concluantes; elles ne le sont pas. On démontre, en effet, par un calcul simple, qu'une vibration amortie se comporte comme une vibration complexe qui posséderait un spectre continu où *les intensités seraient distribuées suivant une loi particulière.*

Il ne suffit donc pas de démontrer que la vibration émise par l'excitateur se comporte comme si elle possédait un spectre continu; il faut encore faire voir que, dans ce spectre, les intensités des diverses composantes ne varient pas conformément à cette loi particulière.

5. Mesure de l'amortissement. — Loin de là, une série d'expériences, que je vais maintenant relater, ont fait voir, non seulement que les intensités varient conformément à cette loi, mais que la seconde explication est la vraie.

Il fallait d'abord vérifier l'hypothèse fondamentale sur laquelle repose cette seconde explication, à savoir que l'amortissement de l'excitateur est beaucoup plus rapide que celui du résonateur.

J'ai dit plus haut, page 33, comment M. Bjerknes mesure l'amortissement d'un résonateur.

Pour un excitateur, il a obtenu comme « décrément logarith-
mique » 0,26, tandis qu'il obtenait pour deux résonateurs 0,002
et 0,034. Ce qui veut dire que, pour régler l'amplitude à la
dixième partie de sa valeur initiale, il suffit de 9 oscillations
dans le cas de l'excitateur, tandis qu'il en faut plus de 60 et plus
de 1000 dans le cas d'un et de deux résonateurs.

La vibration d'un excitateur s'amortit donc beaucoup plus vite
que celle d'un résonateur.

6. Expériences de Strindberg. — Pour compléter la confirma-
tion, il fallait montrer que si, par un artifice quelconque, on
arrive à rendre l'amortissement du résonateur plus rapide que
celui de l'excitateur, les phénomènes sont inverses, c'est-à-dire
que l'internœud ne dépend plus du résonateur, mais seulement de
l'excitateur.

C'est ce qu'ont vérifié, indépendamment l'un de l'autre, M. Décombe en France et M. Nils Strindberg en Suède.

Je ne puis écrire ce nom sans rappeler que M. Strindberg, non
content de servir la Science par son intelligence, a voulu la servir
également par son courage. Il a accompagné M. Andrée dans
son périlleux voyage aéronautique dans les régions polaires et y a
trouvé la mort.

.Pour réaliser l'expérience, il s'agissait de diminuer l'amortissement de l'excitateur et d'augmenter celui du résonateur.

Pour diminuer l'amortissement de l'excitateur, il fallait
d'abord supprimer la perte d'énergie due à l'étincelle. Cela
semble irréalisable, puisque, sans interrupteur, le déclanchement
du pendule électrique n'est pas possible et ce pendule ne peut pas
entrer en branle. M. Décombe s'en tire par un artifice simple. Un
premier excitateur est muni d'un interrupteur à étincelles, il agit
par induction sur un second excitateur tout à fait semblable,
mais qui, étant mis en mouvement par l'action du premier, peut
être dépourvu d'interrupteur. Ce second excitateur aura même
période que le premier, mais un amortissement moindre.
C'est lui qui produit ensuite une perturbation dans les fils, par
la disposition de M. Blondlot (*voir* p. 40, *fig.* 4).

Il est aisé d'autre part d'augmenter la résistance du résonateur
et, comme cette résistance est un frottement, elle a pour effet
d'amortir plus rapidement ses oscillations.

7. Expériences de MM. Pérot et Jones. — Il y a d'autres pro-
cédés de vérification plus directs. Nous avons vu que, malgré
l'amortissement, il y a encore des ondes stationnaires proprement dites, mais seulement dans le voisinage de l'extrémité du
fil. L'étude de ces ondes secondaires peut nous faire connaître

la forme de la perturbation produite par l'excitateur. Mais, pour que cette étude soit possible, il faut ne pas *employer l'intermédiaire d'un résonateur :* nous avons vu en effet que les résonateurs produisent des effets secondaires qui subsistent seuls loin de l'extrémité du fil et se traduisent alors par le phénomène de la « résonance multiple ». Ces effets perturbateurs doivent être supprimés.

On s'est servi pour cela des divers procédés, indépendants du résonateur, que j'ai décrits pages 31, 32 et 33.

M. Pérot s'est servi de l'étincelle sans résonateur.

M. Jones a employé un procédé thermique, fondé sur l'emploi de la pince thermo-électrique.

M. Bjerknes a employé un procédé mécanique.

Toutes ces expériences ont confirmé la seconde explication.

8. Expériences de M. Décombe. — Ces méthodes n'ont pas paru encore assez directes à M. Décombe. Ce savant a voulu étudier la perturbation au moment même où elle est produite par l'excitateur; on pouvait se demander, en effet, si elle n'est pas altérée quand elle passe de l'excitateur aux fils, ou en se propageant le long de ces fils.

Pour cela, M. Décombe a cherché à photographier l'étincelle de l'excitateur en se servant d'un miroir tournant. C'est ce qu'avait fait Feddersen (*cf.* Chapitre III), mais avec des oscillations beaucoup moins fréquentes. Avec les vibrations hertziennes, les difficultés étaient bien plus grandes; elles auraient même été insurmontables avec l'appareil de Hertz lui-même (90000000 de vibrations par seconde). M. Décombe a dû se contenter d'un excitateur qui donnait 5000000 de vibrations, tandis que les appareils de Feddersen en donnaient seulement de 20000 à 400000.

Les diverses étincelles qui correspondent aux oscillations successives forment leur image sur la plaque sensible en des points différents à cause du mouvement du miroir. Il faut que ce mouvement soit assez rapide pour que les divers traits qui correspondent à ces étincelles soient séparés les uns des autres. Le miroir de M. Décombe faisait 500 tours par seconde.

Pour que la plaque fût impressionnée, malgré la courte durée de l'action de la lumière, M. Décombe a dû pousser à l'extrême chacun des moyens dont nous disposons et mettre toutes les chances de son côté.

Il a fallu employer un excitateur à faible amortissement, faire éclater l'étincelle dans l'huile, où elle est plus courte et plus lumineuse, se servir d'un bain de développement particulièrement énergique. Il a fallu combiner l'appareil optique de façon que les traits lumineux soient à la fois très étroits et très intenses.

Tous les détails de cette expérience font le plus grand honneur à l'ingéniosité de leur auteur. Le succès a couronné ses efforts, et il a obtenu des images dont l'étude révèle l'existence d'une vibration simple amortie, conformément à la seconde explication.

L'excitateur, il est vrai, n'est pas celui de Hertz, et il donne des oscillations dix fois moins fréquentes; mais la différence est assez faible pour qu'on puisse conclure de l'un à l'autre.

D'après M. Swyngedauw, une autre cause viendrait, à titre secondaire, contribuer à produire la résonance multiple. Nous avons vu que la résistance ohmique n'influe pas sensiblement sur la période; son influence n'est pourtant pas tout à fait nulle, et elle tend à allonger la période. Or, l'étincelle est d'autant moins résistante qu'elle est plus chaude, et, comme elle va constamment en s'échauffant, la période doit décroître légèrement des premières oscillations aux dernières. Les expériences de M. Décombe n'ont pas confirmé cette manière de voir; mais depuis, M Tissot, opérant aussi avec un miroir tournant et avec les appareils de télégraphie sans fil dont nous parlerons plus loin, a observé une diminution de période analogue à celle que prévoyait M. Swyngedauw. Il semble donc que, dans certaines circonstances, le phénomène prévu par ce savant puisse devenir sensible.

CHAPITRE IX.

PROPAGATION DANS L'AIR

---

1. L'experimentum crucis. — Toutes les expériences que j'ai relatées jusqu'ici sont incapables de décider entre la théorie ancienne et celle de Maxwell.

Les deux théories font prévoir que les perturbations électriques doivent se propager le long d'un fil conducteur avec une vitesse égale à celle de la lumière. Toutes deux rendent compte du caractère oscillatoire de la décharge d'une bouteille de Leyde et par conséquent des oscillations qui se produisent dans un excitateur. Toutes deux font prévoir que ces oscillations doivent produire dans le champ environnant des forces électromotrices d'induction et par conséquent ébranler un résonateur placé dans ce champ.

Mais, *d'après l'ancienne théorie, la propagation des effets d'induction doit être instantanée.* Si, en effet, il n'y a pas de courants de déplacement, si par conséquent il n'y a *rien* au point de vue électrique dans le diélectrique qui sépare le fil inducteur du fil induit, il faut bien admettre que l'effet se produit dans le fil induit au même moment que la cause dans le fil inducteur; car dans l'intervalle, s'il y en avait un, la cause aurait cessé dans le fil inducteur, l'effet ne se serait pas encore produit dans le fil induit, et il n'y aurait *rien* dans le diélectrique qui est entre ces deux fils, il n'y aurait donc rien nulle part. La propagation instantanée de l'induction est donc une conséquence à laquelle l'ancienne théorie ne peut échapper.

D'après la théorie de Maxwell, l'induction doit se propager dans l'air avec la même vitesse que le long d'un fil, c'est-à-dire avec la vitesse de la lumière.

Voilà donc l'*experimentum crucis;* il faut voir avec quelle vitesse se propagent par induction les perturbations magnétiques à travers l'air.

Si cette vitesse est infinie, il faudra conserver l'ancienne théorie; si cette vitesse est celle de la lumière, il faudra adopter la théorie de Maxwell.

Quel est donc le moyen de mesurer cette vitesse? Nous ne pouvons le faire directement. Mais nous avons vu que la longueur d'onde est, par définition, le chemin parcouru pendant la durée d'une vibration, et j'ai montré également comment on peut mesurer la longueur d'onde le long d'un fil.

Si la longueur d'onde dans l'air est la même que la longueur d'onde le long d'un fil, c'est que la vitesse de propagation dans l'air est la même que le long d'un fil. C'est donc que la théorie de Maxwell est vraie.

Le problème est donc ramené à la mesure de la longueur d'onde dans l'air.

Pour faire cette mesure, on peut employer le même procédé que dans le cas de la propagation le long d'un fil.

Nous avons vu qu'on faisait interférer l'onde directe transmise le long d'un fil avec l'onde réfléchie à l'extrémité de ce fil. On fera interférer de même l'onde directe transmise à travers l'air, avec l'onde réfléchie sur un miroir plan métallique. Ce miroir sera disposé de telle sorte que la radiation directe vienne le frapper normalement et que, par conséquent, l'onde réfléchie chemine en sens inverse de l'onde directe.

Dans ces conditions, on obtiendrait des ondes stationnaires

proprement dites, si la vibration de l'excitateur n'avait pas d'amortissement. Mais, à cause de cet amortissement et pour les mêmes raisons que j'ai développées au Chapitre VII, le phénomène de la résonance multiple se produira. Je n'ai pas à répéter ici la discussion des pages 48 et 49. Tout se passera exactement de la même manière.

Si l'on promène un résonateur entre l'excitateur et le miroir, on constatera une succession de nœuds et de ventres; les nœuds seront les points où le résonateur ne répond pas à l'excitateur, et les ventres seront ceux où l'intensité du phénomène est maxima.

L'internœud, ou distance de deux nœuds, est égal à la demi-longueur d'onde *du résonateur* dans l'air, de même que, dans le cas de la propagation le long d'un fil, l'internœud était égal à la demi-longueur d'onde *du résonateur* le long d'un fil. Si donc l'internœud dans l'air est égal à l'internœud le long d'un fil, c'est que la longueur d'onde dans l'air est la même que le long d'un fil, c'est que la théorie de Maxwell est vraie.

2. Expériences de Karlsruhe. — Tel est l'*experimentum crucis* que Hertz tenta pour la première fois à Karlsruhe. Il n'obtint pas d'abord le résultat attendu.

Le long d'un fil, son résonateur donnait un internœud de 3^m; dans l'air il semblait donner un internœud de $4^m,5o$, soit 9^m de longueur d'onde. Sans doute cette expérience paraissait condamner l'ancienne électro-dynamique qui aurait exigé une longueur d'onde infinie, mais elle paraissait condamner également la théorie de Maxwell, qui aurait exigé une longueur d'onde de 6^m.

Cet insuccès est resté mal expliqué; il est probable que le miroir était trop petit par rapport à la longueur d'onde et que la diffraction venait troubler les phénomènes. Peut-être aussi, la réflexion des ondes sur les murs de la salle, ou les colonnes de fonte qui partageaient cette salle en trois travées, exerçaient-elles un effet perturbateur.

Quoi qu'il en soit, les excitateurs plus petits conduisaient à d'autres résultats et donnaient le même internœud dans l'air et le long d'un fil; sans doute la longueur d'onde ayant diminué n'était plus trop grande par rapport aux dimensions du miroir.

3. Expériences de Genève. — La question cependant n'était pas tranchée, et la maladie ne permettait pas à Hertz de recommencer ses expériences. MM. Sarasin et de la Rive les reprirent alors avec des précautions suffisantes pour éliminer toutes les causes d'erreur.

Leur miroir avait 8ᵐ sur 16ᵐ, et ils ont opéré dans une salle très grande et bien dégagée. Les résultats ont été aussi nets avec le résonateur de 75ᶜᵐ (ayant même longueur d'onde que le grand excitateur de Hertz), qu'avec les résonateurs plus petits. Ces résultats doivent donc être regardés comme définitifs.

Conformément à la théorie de Maxwell, l'internœud est le même dans l'air et le long d'un fil.

4. Emploi du petit excitateur. — L'expérience peut être répétée plus facilement avec le petit excitateur de Hertz formé, comme je l'ai dit (p. 26), d'une sorte de courte tige métallique interrompue en son milieu.

On sait qu'on se sert des miroirs paraboliques pour rassembler en un faisceau de rayons parallèles la lumière émanée d'une source lumineuse de petites dimensions. C'est ce qu'on appelle un projecteur ou réflecteur parabolique.

On peut faire à peu près de même pour les radiations produites par un excitateur. Seulement les dimensions de l'excitateur sont comparables à celles du miroir de sorte que l'excitateur est plutôt assimilable à une ligne lumineuse qu'à un point lumineux.

Par conséquent, au lieu de donner au miroir la forme d'un paraboloïde de révolution et de placer la source au foyer, on lui donne la forme d'un cylindre parabolique et l'on place l'excitateur suivant la ligne focale. On obtient ainsi un faisceau parallèle de rayons de force électrique.

On peut de même placer le résonateur, qui est tout à fait pareil à l'excitateur, suivant la ligne focale d'un second miroir parabolique. Ce miroir concentre les rayons parallèles sur le résonateur.

Toutefois, dans les expériences d'interférence que je viens de décrire, il convient de supprimer ce second miroir, qui ferait écran et protégerait le résonateur contre l'onde réfléchie.

5. Nature des radiations. — Le champ qui environne un excitateur est parcouru par des radiations électromagnétiques : la théorie permet de prévoir les lois de leur distribution, et les expériences les ont d'ailleurs confirmées, au moins dans leurs traits généraux qui sont les seuls que nos moyens d'investigation nous permettent d'atteindre.

Ces lois sont assez complexes, et, pour en simplifier l'énoncé, je ne considérerai que les points du champ très éloignés de l'excitateur.

Considérons donc une sphère de très grand rayon ayant pour centre le milieu de l'excitateur. En chaque point de cette sphère, nous avons une force électromotrice qui à chaque oscillation varie en s'annulant deux fois et change deux fois de sens, mais en conservant la même direction : nous avons également une force magnétique qui subit des variations analogues.

Quelle sera la direction de ces deux vibrations, l'une électrique, l'autre magnétique?

Traçons sur la sphère un système de méridiens et de parallèles, comme sur un globe terrestre dont les deux pôles seraient les points où la sphère est percée par l'axe de l'excitateur prolongé.

La force électrique sera tangente au méridien, la force magnétique au parallèle. Les deux vibrations sont donc perpendiculaires entre elles; elles sont toutes deux perpendiculaires au rayon de la sphère; c'est-à-dire à la direction de la propagation qui correspond à ce qu'est en optique la direction du rayon lumineux. *Ces deux vibrations sont donc transversales comme les vibrations lumineuses.*

L'amplitude de ces vibrations varie en raison inverse de la distance à l'excitateur : l'intensité varie donc en raison inverse du carré de cette distance.

La vibration a, comme nous venons de le voir, une direction constante, elle est donc assimilable aux vibrations de la lumière polarisée, et non à celles de la lumière naturelle dont la direction varie sans cesse, tout en restant perpendiculaire au rayon lumineux.

Une question se pose encore; qu'est-ce qui correspond à ce qu'on appelle en optique le plan de polarisation? Est-ce le plan perpendiculaire à la vibration électrique? Est-ce le plan perpendiculaire à la vibration magnétique? Nous verrons au Chapitre xi comment on a pu reconnaitre que c'est la première de ces deux hypothèses qui est la vraie.

Autre différence avec la lumière émise par une source lumineuse ordinaire : l'intensité n'est pas la même dans toutes les directions; elle est maxima à l'équateur, nulle aux pôles (en reprenant le réseau de méridiens et de parallèles que nous avions supposé tracé sur notre sphère).

Sauf ces différences, le mode de propagation d'une perturbation électro-magnétique à travers l'air est le même que celui de la lumière. Dans le cas de la propagation le long d'un fil, nous avions aussi les courants de déplacement, mais ces courants n'étaient sensibles que dans l'air qui se trouvait dans le voisinage immédiat du fil. Au lieu de se disperser dans toutes les directions, la perturbation se propageait dans une direction unique; il en résultait que son intensité se conservait, au lieu de s'affaiblir conformément à la loi du carré des distances.

CHAPITRE X.

PROPAGATION DANS LES DIÉLECTRIQUES

---

1. Relation de Maxwell. — Quand, dans un condensateur, on remplace la lame d'air isolante par une lame formée d'une autre substance isolante, on constate que la capacité du condensateur se trouve multipliée par un coefficient que l'on appelle le pouvoir inducteur de cette substance. La théorie exige que la vitesse de propagation des ondes électriques dans un diélectrique soit en raison inverse de la racine carrée du pouvoir inducteur de ce diélectrique.

D'autre part, la vitesse de la lumière dans un milieu transparent est en raison inverse de l'indice de réfraction. Donc le pouvoir inducteur devrait être égal au carré de cet indice. C'est la relation théorique de Maxwell.

Elle se vérifie mal, sauf pour le soufre. Cela peut s'expliquer de deux manières : ou bien l'indice de réfraction pour les ondes très longues telles que les ondes électriques, n'est pas le même que l'indice de réfraction optique ; cela n'aurait rien d'étonnant, puisque nous savons que les diverses radiations sont inégalement réfrangibles, et que l'indice du rouge est différent de celui du violet.

Ou bien le carré de l'indice de réfraction électrique est lui-même différent du pouvoir inducteur mesuré par des méthodes statiques dans un champ non variable, ce qui s'expliquerait par divers effets secondaires tels que les charges résiduelles.

D'où la nécessité de mesurer le pouvoir inducteur par deux sortes de méthodes : les *méthodes dynamiques* fondées sur l'emploi des oscillations électriques et qui nous donneront l'indice de réfraction électrique ; et les *méthodes statiques,* dans un champ constant.

2. Méthodes dynamiques. — La vitesse de propagation est la même dans l'air et le long d'un fil métallique tendu dans l'air. De même, la vitesse de propagation à travers un diélectrique doit être égale à la vitesse de propagation le long d'un fil plongé dans un diélectrique. Il suffira donc de mesurer cette dernière.

Nous avons vu comment on mesure la longueur d'onde d'une oscillation électrique, en recherchant la distance des nœuds sur un fil à l'aide d'un résonateur (*voir* p. 39). Si le fil est plongé dans un diélectrique, la vitesse de propagation est diminuée; comme la période est restée la même, la longueur d'onde et la distance des nœuds ont diminué dans le même rapport; il est donc aisé de mesurer ce rapport, qui est l'inverse de l'indice de réfraction électrique.

Supposons d'autre part que le résonateur dont on se sert pour l'exploration soit formé d'un condensateur dont les armatures sont réunies par un fil (condensateur de Blondlot). Si l'on place entre les deux armatures une lame d'une substance isolante, la capacité du résonateur est multipliée par le pouvoir inducteur : la période de la vibration à laquelle répond le résonateur se trouve donc augmentée, ainsi par conséquent que la distance des nœuds.

Si le fil le long duquel l'oscillation électrique se propage, et le résonateur avec son condensateur sont plongés dans un même diélectrique, les deux effets doivent se compenser exactement, la distance des nœuds ne doit pas changer. C'est en effet ce qu'on constate.

Ces méthodes de mesure de l'indice électrique sont analogues à ce qu'est en optique le réfractomètre interférentiel. Mais on peut aussi faire réfracter les rayons électriques à travers un prisme diélectrique ou mieux se servir de la réflexion totale.

3. Méthodes statiques. — Pour mesurer dans un champ constant un pouvoir inducteur, il faut savoir comparer deux capacités ; pour cela on peut :

1° Décharger un condensateur à travers un fil et, à l'aide du *galvanomètre balistique,* mesurer la quantité d'électricité qui s'écoule ;

2° Charger et décharger un condensateur un grand nombre de fois par seconde et comparer le courant intermittent ainsi produit à un courant continu de résistance donnée (*Méthode de Maxwell*);

3° Mettre deux condensateurs en série et vérifier l'égalité de leur capacité, en montrant que le potentiel de l'armature moyenne est moyenne arithmétique entre les potentiels des armatures extrêmes (*Méthode de Gordon*);

4° Mesurer l'*attraction* de deux sphères électrisées plongées dans un diélectrique;

5° Opposer deux électromètres dont les paires de quadrants correspondantes et les aiguilles sont respectivement en communication métallique et qui sont plongés, l'un dans un diélectrique, l'autre dans l'air (*Électromètre différentiel*);

6° Étudier la déviation des lignes de force produite dans un champ électrostatique par l'introduction d'un prisme diélectrique (*Méthode des surfaces équipotentielles de Pérot*).

4. Résultats. — Toutes ces méthodes donnent des résultats très discordants.

Pour la *résine*, on a trouvé les nombres suivants pour le pouvoir inducteur que je désignerai par ε :

Carré de l'indice optique	2
Par les surfaces équipotentielles	2,1
Avec les oscillations hertziennes	2,12
Par le galvanomètre balistique	2,o3
Par une autre méthode statique	2,88
Par la méthode d'attraction	5,44

Pour l'alcool, l'eau et la glace, nous allons rencontrer des divergences encore plus considérables.

Alcool. — 1" Les méthodes statiques ont donné pour $\sqrt{\varepsilon}$ des nombres voisins de 4,9, c'est-à-dire bien différents de l'indice optique;

2" Cependant *M. Stchegtiœf*, employant la méthode de Gordon avec les oscillations produites par une bobine de Ruhmkorff, a trouvé pour $\sqrt{\varepsilon}$ un nombre voisin de l'indice optique:

3ᵉ Les méthodes fondées sur l'emploi des oscillations hertziennes ont donné une valeur voisine de 4,9.

Eau. — 1° *M. Gouy*, par la méthode de l'attraction, a trouvé :

$$\varepsilon = 80.$$

La valeur de ε varie, bien entendu, avec les impuretés qui sont contenues dans l'eau et qui la rendent plus ou moins conductrice; 8o est la valeur vers laquelle tend ε quand la conductibilité de l'eau tend vers o.

M. Cohn a mesuré ε en cherchant la longueur d'onde dans un fil plongé dans l'eau. Il a trouvé que ε dépend de la conductibilité de l'eau et de la température. Ses nombres sont voisins de celui indiqué par M. Gouy.

Un seul expérimentateur a trouvé pour ε un nombre voisin du carré de l'indice optique, $\varepsilon = 1.75$.

Glace. — Une méthode statique a donné :

$$\varepsilon = 78,$$

nombre voisin de celui trouvé par M. Gouy pour l'eau.

M. Blondlot, en employant les oscillations hertziennes, a trouvé au contraire :

$$\varepsilon = 2,5,$$

et *M. Pérot,* par la même méthode, a obtenu un nombre voisin du précédent.

On voit qu'il y a ici une différence énorme entre le nombre de MM. Blondlot et Pérot, d'une part, et le nombre 78, d'autre part. Peut-être la glace contenait-elle dans ce dernier cas de l'eau liquide incluse.

5. Corps conducteurs. — Les corps transparents pour la lumière sont en général mauvais conducteurs; les métaux au contraire sont très conducteurs et très opaques. Il n'y a rien là de paradoxal. Les diélectriques opposent aux ondes électriques (nous l'avons vu au Chapitre II) une résistance élastique qui restitue la force vive qui leur est communiquée; ils laissent donc passer les ondulations. Les conducteurs au contraire opposent une résistance visqueuse qui détruit la force vive pour la transformer en chaleur; ils absorbent donc les ondes électriques et la lumière.

En effet, on a reconnu que les métaux arrêtent comme un écran les ondulations électriques; ils ne sont qu'un écran imparfait pour les oscillations à très longue période; mais leur opacité est déjà presque absolue pour les oscillations hertziennes. Les expériences citées plus haut de M. Bjerknes (page 40) montrent que ces radiations ne peuvent pénétrer dans un métal à une profondeur supérieure au centième de millimètre.

Cependant M. Bose, dont nous décrirons plus loin l'appareil si sensible, a cru observer que ces radiations traversaient les métaux. Mais M. Branly a montré récemment que les enveloppes métalliques sont impénétrables, même avec les vibrations très rapides obtenues par M. Bose, *pourvu que ces enveloppes soient absolument closes.* Seulement la plus petite ouverture suffit pour que des diffractions se produisent et affectent le récepteur très sensible de M. Bose.

La sensibilité du cohéreur est donc telle qu'elle met en évidence des ondes diffractées *dans toutes les parties de l'ombre géométrique* et pas seulement sur le bord de cette ombre.

Il faut se rappeler cela pour comprendre comment, en télégraphie sans fil, les ondes hertziennes peuvent contourner des obstacles qui nous paraissent énormes.

6. Électrolytes. — Ainsi tout corps conducteur est opaque; tout corps isolant est transparent. Cette règle admet d'apparentes exceptions.

Certains corps, comme l'ébonite, sont isolants sans être transparents. Mais on constate qu'opaques pour la lumière visible, ils laissent passer les ondes hertziennes.

Il n'y a pas plus lieu de s'en étonner que de voir la lumière rouge traverser le verre rouge qui arrête la lumière verte. D'ailleurs ces corps, transparents pour les ondes électriques de longue période, doivent naturellement se comporter comme des diélectriques dans un champ statique où la période doit être regardée comme infinie.

Au contraire certains liquides, comme l'eau salée ou acidulée, sont conducteurs pour l'électricité et transparents pour la lumière. C'est que ces liquides, que les courants décomposent et qu'on nomme électrolytes, ont une conductibilité bien différente de celle des métaux.

Les molécules de l'électrolyte sont décomposées en « ions ». L'électricité est *transportée* d'une électrode à l'autre par ces ions, qui cheminent à travers le liquide. L'énergie électrique n'est donc pas transformée en chaleur comme dans les métaux, mais en énergie chimique. Sans doute, ce processus, lié au mouvement assez lent des ions, n'a pas le temps de s'exercer si la vibration est aussi rapide que celle de la lumière. En fait, les électrolytes sont déjà assez transparents pour les ondes hertziennes.

CHAPITRE XI.

PRODUCTION DES VIBRATIONS TRÈS RAPIDES ET TRÈS LENTES.

1. Ondes très courtes. — Avec l'excitateur de Blondlot, on obtient des longueurs d'onde de 3o^m; avec le grand excitateur de Hertz des longueurs d'onde de 6^m, avec le petit excitateur de Hertz des ondes de 6o^{cm}· En d'autres termes on obtient :

Avec l'excitateur de Blondlot......	10 000 000
Avec le grand excitateur de Hertz.	50 000 000
Avec le petit excitateur de Hertz...	500 000 000

de vibrations par seconde.

On ne s'est pas arrêté là ; le savant physicien italien M. Righi, et, après lui, le jeune professeur hindou M. Jagadis Chunder

Bose ont construit des appareils qui permettent d'aller beaucoup plus loin.

Théoriquement, il suffisait pour cela de diminuer les dimensions de l'appareil. Mais on affaiblissait en même temps les oscillations, et il fallait imaginer des récepteurs assez sensibles pour les déceler.

2. Excitateur de Righi. — Cet excitateur se compose de deux sphères en cuivre A et B (*fig.* 5), fixées au centre de deux disques en bois, en verre ou en ébonite : ces deux disques forment les deux bases d'une sorte de récipient cylindrique, beaucoup plus large que haut, dont les parois latérales sont flexibles. L'un des disques est percé d'un petit trou qui permet de remplir le récipient d'huile de vaseline.

Diverses dispositions permettent, grâce à la flexibilité des parois latérales du récipient, de faire varier et de régler la distance des deux sphères.

Fig. 5.

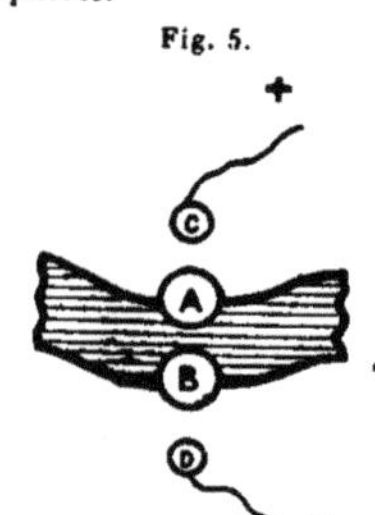

L'étincelle éclate entre les deux sphères comme dans l'excitateur de Lodge ; mais, grâce aux petites dimensions de ces sphères, la longueur d'onde est très petite.

L'étincelle éclate dans l'huile, disposition dont nous avons plus haut expliqué les avantages. C'est grâce à cet artifice, que les oscillations, malgré la petitesse de l'appareil, ont pu conserver une intensité suffisante : nous avons vu en effet que l'emploi de l'huile renforce les oscillations, en même temps qu'il rend les étincelles plus régulières.

Pour amorcer l'excitateur, Righi se sert, non d'une bobine de Ruhmkorff, mais d'une machine statique de Holtz, qui a été d'ailleurs également employée avec les excitateurs de Hertz.

Il importe d'observer que les deux sphères A et B ne sont pas directement reliées aux deux pôles de la machine de Holtz; ces deux pôles sont reliés métalliquement à deux autres sphères C et D; la sphère C est placée à petite distance de la sphère A, et la sphère D tout près de la sphère B. Nous aurons donc trois étincelles qui éclateront, la première entre C et A, la seconde entre A et B, la troisième entre B et D. La première et la troisième éclateront dans l'air, et la seconde dans l'huile.

C'est la seconde étincelle qui a le caractère oscillatoire. Les deux autres qui ont lieu dans l'air ne servent qu'à charger les deux sphères A et B. Quand elles ont communiqué à ces deux sphères des charges suffisantes, l'étincelle AB éclate dans l'huile et les oscillations commencent.

Il importe de régler la longueur de ces trois étincelles; Righi donnait à l'étincelle centrale environ 1^{mm} et aux deux étincelles extrêmes 2^{cm}. Le diamètre des deux sphères A et B était d'environ 4^{cm}. La longueur d'onde obtenue était d'environ 10^{cm}, soit 3 000 000 000 de vibrations par seconde.

Avec des sphères de 8^{mm} de diamètre, M. Righi a obtenu des vibrations quatre fois plus rapides encore.

3. Résonateurs. — Malgré les perfectionnements introduits par Righi dans la construction de son excitateur, les effets sont encore très faibles, et il faut pour les déceler des résonateurs d'une sensibilité toute spéciale.

Deux remarques ont guidé le savant italien dans la conception de son résonateur : d'abord les étincelles sont beaucoup plus longues, pour une même différence de potentiel, quand elles éclatent à la surface d'un corps isolant que quand elles éclatent dans l'air libre. En second lieu, les effets électro-magnétiques se propageant seulement à la surface des métaux, on peut sans inconvénient réduire l'épaisseur de la partie métallique des résonateurs.

Righi dépose donc par électrolyse une couche mince d'argent à la surface d'une lame de verre; cette couche a la forme d'un rectangle notablement plus long que large. Au milieu de ce rectangle, on coupe la couche d'argent par un trait de diamant : l'argenture est ainsi interrompue par un trait dont la largeur est de quelques millièmes de millimètre. C'est à travers ce trait que l'étincelle éclate. On voit qu'elle jaillira pour de très faibles différences de potentiel, puisque l'intervalle à franchir est très petit, et puisque l'étincelle éclate à la surface du verre.

Les étincelles sont observées à l'aide d'un petit microscope.

Le résonateur de Righi fonctionne à la manière des résonateurs rectilignes de Hertz.

Les rayons de force électrique émanés de l'excitateur sont rendus parallèles par un miroir en forme de cylindre parabolique; un second miroir de même forme les concentre ensuite sur le résonateur.

Cet appareil très sensible se prête facilement aux mesures. En effet, on peut faire tourner le résonateur : l'action est maximum quand le résonateur est parallèle à l'excitateur, je veux dire à la droite qui joint les centres des deux sphères A et B. Elle est nulle quand le résonateur est perpendiculaire à l'excitateur. Dans les autres positions elle prend des valeurs intermédiaires. On voit alors quelle orientation il faut donner au résonateur pour que l'on commence à apercevoir des étincelles.

4. Excitateur de Bose. — M. Jagadis Chunder Bose a obtenu des vibrations plus rapides encore. Son excitateur se compose de trois sphères métalliques A, B et C, les deux sphères A et C sont reliées aux pôles d'une bobine de Ruhmkorff, la sphère centrale B est isolée. Deux étincelles éclatent entre A et B, et entre B et C. C'est encore une des formes de l'excitateur de Lodge.

Les étincelles éclatent dans l'air. Pour qu'elles conservent néanmoins assez longtemps le caractère oscillatoire, il faut que les électrodes ne s'altèrent pas; M. Bose se sert donc, non de sphères en cuivre, mais de sphères en platine.

Au lieu d'actionner sa bobine avec un trembleur, M. Bose emploie un interrupteur à main; chaque action de la main lui donne donc une série unique d'oscillations décroissantes et non pas une suite ininterrompue d'étincelles qui useraient rapidement les électrodes.

Grâce à ces précautions, les étincelles restent oscillatoires, et l'on n'a pas besoin de nettoyages et de polissages fréquents.

Les effets sont faibles, mais M. Bose compte uniquement pour les déceler sur la sensibilité de son récepteur. Il tient moins d'ailleurs à l'intensité de l'action qu'à sa régularité et à sa constance qui seule peut rendre les mesures possibles. Des oscillations trop fortes seraient même à ses yeux un inconvénient, car il craint que la réflexion, la diffraction ne produisent des radiations secondaires, capables d'agir sur le récepteur et de troubler les observations.

La pile et la bobine sont enfermées dans une double enveloppe métallique presque entièrement close et ne peuvent exercer ainsi à l'extérieur aucune action perturbatrice. Sur la boîte est monté le tube qui contient l'excitateur. Les radiations émanées de cet excitateur sont rendues parallèles à l'aide d'une lentille cylindrique de soufre ou d'ébonite.

On obtient ainsi des longueurs d'onde de 6^{mm}, ce qui correspond à

$$50\,000\,000\,000$$

de vibrations par seconde. Des vibrations 10000 fois plus rapides
suffiraient pour impressionner la rétine (elles correspondraient à
la couleur orangée du spectre); on se trouve, dit M. Bose, à
treize octaves de la lumière visible. On a pu réaliser un pinceau
de rayons électriques parallèles dont la section avait un ou deux
centimètres carrés.

5. Récepteur de Bose. — Le récepteur est fondé sur le principe du radio-conducteur de Branly. Ce radio-conducteur est un
instrument d'une merveilleuse sensibilité, mais il est un peu ca-
pricieux dans ses indications. De temps en temps, il devient si
extraordinairement sensible que le galvanomètre est dévié sans
cause apparente ; quelquefois aussi, au moment où il semble marcher admirablement, sa sensibilité disparaît subitement.

Sans doute certaines particules viennent en contact trop intime, ou bien les surfaces de contact ont perdu leur sensibilité
par la fatigue due à une action prolongée.

M. Bose a donc modifié le radio-conducteur primitif. Des fils
fin d'acier sont tordus en spirales. On creuse une étroite rainure
dans un bloc d'ébonite et on la remplit avec des spirales qui
forment une simple couche ; chaque spirale touche la spirale suivante en un point bien défini, et l'on a ainsi un millier de contacts. Les spirales sont placées entre deux pièces de bronze,
l'une fixe et l'autre susceptible de glisser. Ces pièces sont en
communication métallique avec une pile.

Le courant de cette pile arrive ainsi par la spirale supérieure,
traverse toutes les spirales en passant de l'une à l'autre par les
contacts et sort par la spirale inférieure.

La résistance présentée par ces contacts est diminué toutes
les fois que les radiations électromagnétiques tombent sur le
récepteur.

La pression qui s'exerce aux divers points de contact est
réglée à l'aide d'une vis qui appuie sur la première spirale ; elle
est uniforme puisque chaque spirale la transmet à la suivante.

Tous les points de contact se trouvent sur une ligne droite sur
laquelle on peut concentrer les radiations à l'aide d'une lentille
cylindrique,

Quand ces radiations agissent, la résistance totale de l'appareil
diminue, le courant qui le traverse devient plus intense, et ces
variations d'intensité sont indiquées par un galvanomètre.

La sensibilité de cet appareil est exquise ; il répond à toutes les radiations dans l'intervalle d'une octave. On le rend sensible à diverses sortes de radiations, en faisant varier la force électro-motrice qui engendre le courant qui traverse le récepteur.

L'appareil est enfermé dans une enveloppe métallique ne présentant qu'une ouverture linéaire et étroite. Il est donc protégé contre toutes les radiations, sauf celles qui sont concentrées sur cette ouverture.

6. Appareils de Tesla. — Les ondes dont nous venons de parler sont beaucoup plus courtes que celles qui sont produites par les excitateurs ordinaires de Hertz. On en a réalisé aussi de beaucoup plus longues; nous verrons plus loin que ce sont ce sondes longues que l'on utilise en télégraphie sans fil.

D'un autre côté, un Américain, M. Tesla, a fait toute une série d'inventions pour réaliser des courants de très haute fréquence; après avoir essayé différentes combinaisons mécaniques, il s'est arrêté à un appareil qui se compose d'un véritable excitateur de Hertz accompagné d'un résonateur. Seulement, la capacité de l'excitateur étant grande, la longueur d'onde est notablement plus grande que celles qu'avait obtenues Hertz.

D'un autre côté, l'intensité des effets est plus grande : 1° parce que la capacité plus grande de l'excitateur permet d'y accumuler plus d'électricité avant que l'étincelle n'éclate; 2° parce que le potentiel réalisé dans le résonateur est notablement plus grand que dans l'excitateur. Voici pourquoi. Le résonateur est placé près de l'excitateur et est formé d'un fil enroulé en hélice. Chacune des spires de cette hélice est le siège d'une force électromotrice induite due au champ produit par l'excitateur, et toutes ces forces électromotrices s'ajoutent. L'appareil est en somme un transformateur dont l'excitateur est le primaire et le résonateur le secondaire. On sait que, dans un transformateur, les potentiels du secondaire et du primaire sont entre eux comme les nombres des spires. (Cela serait vrai du moins s'il n'y avait pas de « fuites magnétiques »; et ici elles sont notables). D'un autre côté, les intensités des courants sont en raison inverse des potentiels; de sorte que l'on perd en intensité ce que l'on gagne en potentiel. (Il faut bien d'ailleurs qu'il en soit ainsi : sans quoi ce serait le mouvement perpétuel.)

En multipliant les spires du secondaire, c'est-à-dire du résonateur, on a donc augmenté le potentiel de ce résonateur. De ces hauts potentiels et de cette haute fréquence résultent de curieux effets. C'est ainsi qu'on peut allumer une lampe à incandescence unipolaire, c'est-à-dire sans fil de retour. Mais les effets les plus intéressants sont les effets physiologiques. On a constaté qu'on peut toucher impunément un fil où circulent ces courants malgré leur potentiel élevé; mais on préfère généralement les faire agir à distance par induction. On obtient ainsi une excitation générale de l'organisme qui a reçu de nombreuses applications thérapeutiques.

CHAPITRE XII.

IMITATION DES PHÉNOMÈNES OPTIQUES.

1. Conditions de l'imitation. — D'après les idées de Maxwell, la lumière n'est autre chose qu'une perturbation électromagnétique se propageant à travers l'air, le vide, ou divers milieux transparents. Les radiations électriques émanées d'un excitateur ne diffèrent donc de la lumière que par leur période; c'est seulement parce que leur longueur d'onde est trop courte qu'elles n'impressionnent pas la rétine.

Nous avons vu en effet que ces perturbations se propagent précisément avec la même vitesse que la lumière. Mais ce n'est pas assez; il faut montrer qu'elles ont toutes les propriétés de la lumière et qu'on peut reproduire avec elles tous les phénomènes optiques.

La grandeur de la longueur d'onde est cependant un obstacle; pour se retrouver dans les conditions où l'on observe les phénomènes optiques, il faudrait multiplier toutes les longueurs dans la même proportion, en vertu du principe de similitude.

Si l'on emploie par exemple le grand excitateur de Hertz (longueur d'onde 6^m), un miroir pour jouer le même rôle que jouerait un miroir de 1^{mm^2} par rapport à la lumière visible devrait avoir un myriamètre carré.

Avec le petit excitateur de Bose, il faudrait encore un miroir d'un décamètre carré.

Il est clair que cette condition ne sera jamais qu'imparfaitement remplie; elle le sera d'autant moins mal, cependant, qu'on fera usage d'ondes plus courtes. Avec son petit excitateur, Hertz avait déjà obtenu d'assez bons résultats; mais, comme on devait s'y attendre, Righi et Bose, qui emploient des ondes dix et cent fois plus courtes, se sont beaucoup plus approchés de l'imitation parfaite.

Les ondes les plus courtes réalisées par Bose ont, nous l'avons vu, 6^{mm}; les ondes rouges, les plus longues de celles qui excitent la rétine, ont $\frac{1}{10}$ millièmes; elles sont donc 10000 fois plus courtes; mais il existe dans le spectre solaire des ondes beaucoup plus longues qui sont sans action sur la rétine et ne se révèlent à nous que par leurs effets calorifiques; ce sont les ondes *infra-rouges;* parmi elles nous distinguerons celles que Rubens a récemment isolées sous le nom de *rayons restants* et dont la longueur d'onde est de 20 à 30 microns. Parmi les ondes d'origine optique, ce sont les plus longues, celles qui se rapprochent le plus des ondes électriques; elles sont encore 200 fois plus courtes.

2. Interférences. — Nous avons parlé plus haut, au Chapitre IX, des interférences qui se produisent entre les rayons électriques directement émanés de l'excitateur et ceux qui se sont réfléchis sur un miroir métallique. Dans ces expériences, les deux rayons interférents, le rayon direct et le rayon réfléchi, marchent en sens contraire.

On se trouve donc dans des conditions très différentes des appareils optiques destinés à l'étude des interférences, où les deux rayons marchent dans le même sens en se coupant sous un angle très aigu. Plus cet angle est aigu, plus les franges d'interférence sont larges et par conséquent faciles à observer. C'est pour cette raison qu'en Optique on ne fait pas ordinairement interférer deux rayons de sens contraire, ce qui donnerait des franges de quelques dix-millièmes de millimètre seulement.

C'est seulement tout récemment que Wiener a réussi à observer des franges optiques obtenues dans ces conditions. Ce sont aussi des franges de cette nature qui se produisent dans la photographie des couleurs de M. Lippmann. On sait que ce savant place la plaque sensible sur une couche de mercure qui joue le rôle de miroir. Le rayon direct interfère avec le rayon réfléchi sur le mercure et qui marche en sens contraire, et il se produit dans la couche sensible une série de franges équidistantes. Ces franges sont tout à fait analogues aux franges électriques étudiées au Chapitre IX.

Mais Righi a réalisé une meilleure imitation des expériences habituelles d'interférence. Il fait réfléchir les ondes électriques sur deux miroirs qui font entre eux un petit angle. Si l'on a soin de protéger par un écran métallique le résonateur contre l'action du rayon direct, on peut étudier l'interférence des deux rayons réfléchis. C'est l'expérience des deux miroirs de Fresnel.

On peut aussi placer les deux miroirs dans deux plans parallèles dont la distance n'est pas très grande; on a ainsi une imitation de l'appareil d'interférence dont M. Michelson s'est servi pour la construction optique de centimètres ou de décimètres étalons.

Enfin, au lieu de deux rayons réfléchis sur deux miroirs, on peut faire interférer deux rayons réfractés à travers deux prismes de soufre. C'est l'expérience du biprisme de Fresnel.

3. Lames minces. — L'un des plus brillants phénomènes d'interférence de l'Optique est celui des anneaux colorés de Newton; on sait que c'est à lui que les bulles de savon doivent leurs riches couleurs, et qu'il est produit par l'interférence des rayons réfléchis sur les deux surfaces d'une lame mince.

Le phénomène des lames minces peut se reproduire électriquement. Mais tout est relatif; en Optique, une lame pour être mince doit avoir une épaisseur qui se compte par millièmes de millimètre; ayant des longueurs d'onde 10000 fois ou 500000 fois plus grandes, Righi employait des lames minces de paraffine de 1^m ou de 2^m.

4. Ondes secondaires. — Un phénomène étudié en détail par M. Righi est celui des ondes secondaires. L'analogie optique en est plus difficile à percevoir et sera discutée au Chapitre suivant. Si un résonateur est exposé aux radiations émanées d'un excitateur, il entre en vibration et devient à son tour un centre d'émission. On peut s'en rendre compte en approchant un second résonateur protégé contre les radiations directes par un écran métallique.

Les variations secondaires produites de la sorte par un résonateur peuvent interférer avec les radiations directes. Les radiations secondaires produites par deux résonateurs peuvent également interférer entre elles.

Enfin, par suite du phénomène de la résonance multiple dont nous avons parlé plus haut en détail, un excitateur peut mettre en vibration deux résonateurs de longueur différente et ces deux résonateurs peuvent agir l'un sur l'autre.

Righi a montré qu'une masse de diélectrique devient, comme un résonateur métallique, un centre d'où émanent des ondes secondaires.

Cela n'a rien d'étonnant. Comment le résonateur répond-il à l'excitation? Nous l'avons dit, de la même manière que le tuyau d'orgue (*cf.* p. 29). Dans ce tuyau, une onde sonore excitée par une cause quelconque se réfléchit aux deux extrémités et subit ainsi une série de réflexions. S'il y a harmonie entre la hauteur du son et la longueur du tuyau, toutes ces ondes ainsi réfléchies produisent des vibrations concordantes qui s'ajoutent, et le son se trouve renforcé.

Dans le résonateur métallique, une perturbation électrique se réfléchit aux deux extrémités du fil, et les ondes ainsi réfléchies peuvent s'ajouter et se renforcer par le même mécanisme.

Si l'on considère une masse diélectrique, les choses se passeront de même; les perturbations électriques se réfléchiront sur les deux surfaces qui limitent cette masse, comme elles font dans un résonateur, aux deux extrémités du fil métallique.

Une masse diélectrique est donc un véritable résonateur.

Toutes ces ondes secondaires produisent par leurs interférences mutuelles des apparences compliquées que M. Righi a eu beaucoup de mérite à débrouiller.

5. Diffraction. — Les phénomènes de diffraction sont d'autant plus sensibles que la longueur d'onde est plus grande. Leur imitation est donc facile avec les ondes électriques. On a reproduit les phénomènes de diffraction dus à une fente, ou au bord d'un écran indéfini.

Mais si, au lieu d'un écran métallique, on fait jouer le rôle du corps opaque à un diélectrique, les phénomènes sont plus compliqués, car il faut tenir compte des ondes secondaires émanées du diélectrique. L'application du principe de Huygens et de la théorie purement géométrique qui s'en déduit n'est donc pas toujours suffisante. On peut s'en contenter en Optique, parce que, par suite de la petitesse de la longueur d'onde, la diffraction ne produit que des déviations extrêmement faibles. Cependant la théorie géométrique se trouve déjà en défaut, pour la lumière visible elle-même, dans les expériences de M. Gouy, sur la diffraction éloignée produite par le tranchant d'un rasoir très affilé.

M. Bose a complété l'imitation des phénomènes de diffraction en construisant de véritables réseaux et en s'en servant pour la mesure des longueurs d'onde de ses vibrations électriques.

6. Polarisation. — Les vibrations électriques sont toujours polarisées; car elles sont toujours parallèles à l'axe de l'excitateur. Elles sont donc analogues aux vibrations de la lumière polarisée dont la direction est constante et non à celles de la lumière naturelle dont la direction varie à chaque instant en restant toutefois dans un plan perpendiculaire au rayon lumineux.

Cependant on peut imiter l'effet du polariseur qui, quand il est traversé par un rayon déjà polarisé, change l'orientation du plan de polarisation.

Hertz s'est servi pour cela d'un « réseau » formé d'un certain nombre de fils métalliques tendus parallèlement. Nous avons vu qu'un métal arrête les ondulations électriques précisément parce qu'il est conducteur. Un pareil réseau n'est conducteur que dans une direction, celle des fils; il absorbera donc seulement les vibrations parallèles à cette direction et transmettra les vibrations perpendiculaires.

Il importe de ne pas confondre ce réseau polariseur avec le

réseau diffracteur dont M. Bose s'est servi et qui se comporte comme ceux de l'Optique. Le mode d'action est entièrement différent et cette différence tient à ce fait que dans le réseau polariseur la distance des fils est plus petite et dans le réseau diffracteur plus grande que la longueur d'onde.

Le réseau polariseur n'a pas d'analogue en Optique; on pourrait tout au plus le comparer à la tourmaline qui absorbe les vibrations orientées dans une certaine direction.

7. Polarisation par réflexion.

7. Polarisation par réflexion. — Les métaux et les diélectriques réfléchissent les ondes électriques; les effets doivent être les mêmes que ceux de la réflexion métallique et de la réflexion vitreuse sur la lumière polarisée. C'est ce qu'ont vérifié Trouton et Klemencic. M. Righi crut un instant être arrivé à des résultats opposés; mais, quand il eut reconnu l'existence des ondes secondaires et qu'il en eut débrouillé les lois, il confirma au contraire pleinement les conclusions de ses devanciers.

Un point important fut ainsi mis hors de doute : les vibrations électriques sont perpendiculaires au plan de polarisation comme les vibrations lumineuses dans la théorie de Fresnel.

La réflexion sur les métaux produit, comme avec la lumière, une polarisation elliptique ou circulaire.

Les appareils de Righi décèlent très aisément cette polarisation. Donnons au résonateur diverses orientations; si dans une d'elles il y a extinction complète, la polarisation est rectiligne; si les étincelles ont le même éclat dans tous les azimuts, elle est circulaire. Dans les cas intermédiaires, si l'éclat d l'étincelle passe par un minimum, mais sans s'annuler, elle est elliptique.

8. Réfraction. — On a construit de bonne heure avec du soufre ou de la paraffine des prismes et des lentilles qui agissent sur les ondes électriques comme les prismes et lentilles de verre sur la lumière.

La réfraction agit sur le plan de polarisation d'après les mêmes lois qu'en Optique. L'action peut être rendue plus sensible par des réflexions multiples, en imitant le phénomène optique des piles de glaces.

Citons une expérience curieuse de M. Bose. On sait que, par suite des réflexions multiples, le verre pilé devient opaque pour la lumière et que la transparence est rétablie si l'on verse du baume de Canada qui a le même indice que le verre. De même, mettons dans une boîte de petits morceaux de résine irréguliers. Les ondes électriques ne peuvent traverser. La transparence est rétablie quand on verse de la kérosène.

Remarquons en passant que certains corps, comme le soufre,

sont opaques pour la lumière parce qu'ils sont formés de petits cristaux à la surface desquels il se produit des réflexions. Ils se comportent comme le verre pilé. Ils sont au contraire transparents pour les ondes électriques, parce que, ces cristaux étant beaucoup plus petits que la longueur d'onde, vis-à-vis de ces radiations, ils doivent être regardés comme homogènes.

9. Réflexion totale. — Les phénomènes de réflexion totale, la polarisation circulaire qui en résulte, s'imitent très aisément; mais il y a une circonstance curieuse qui me semble bien digne d'attention.

D'après la théorie, quand un rayon lumineux subit la réflexion totale, une partie de l'ébranlement pénètre dans le second milieu, en se comportant suivant des lois toutes particulières. On ne voit rien cependant, parce que cet ébranlement ne pénètre que dans une couche dont l'épaisseur n'est que celle d'une longueur d'onde.

On ne peut, en Optique, vérifier directement cette prévision; on a dû se contenter d'expériences indirectes où intervient un phénomène analogue à celui des anneaux colorés.

Au contraire, avec des ondes très longues, la vérification devient possible. Elle se fait d'une façon satisfaisante, de sorte qu'ici ce sont les ondes électriques qui nous révèlent un des secrets des ondes lumineuses.

10. Double réfraction. — Les cristaux sont biréfringents pour les ondes électriques; mais, comme on ne peut employer que des cristaux minces, on a le même phénomène que dans le microscope polarisant où une lame cristalline mince est interposée entre un analyseur et un polariseur.

M. Bose se sert comme analyseur et comme polariseur de réseaux polariseurs de Hertz.

Il faut se garder de confondre deux phénomènes dont les effets dans cet appareil sont analogues, se superposent le plus souvent et ne peuvent être séparés que par une attentive discussion.

Les corps cristallins n'ont pas le même indice de réfraction pour les vibrations de direction différente : c'est la double réfraction proprement dite. D'autre part ils les absorbent inégalement; c'est ce qu'on appelle en Optique le *dichroïsme*.

Les deux phénomènes ont été constatés. Le dichroïsme s'observe surtout avec les corps de structure lamellaire ou fibreuse comme le bois, un livre, une mèche de cheveux. Le mécanisme est comparable à celui du réseau polariseur de Hertz.

M. Bose a montré que le dichroïsme pour les ondes électriques est toujours accompagné d'une inégale conductibilité électrique dans les deux sens.

CHAPITRE XIII.

SYNTHÈSE DE LA LUMIÈRE.

1. Synthèse de la lumière. — Toutes ces expériences mettent en évidence la complète analogie de la lumière et des rayons de force électrique.

Ces rayons, si la période, déjà si petite, était un million de fois plus courte encore, ne différeraient pas des rayons lumineux.

On sait que le soleil nous envoie plusieurs sortes de radiations, les unes lumineuses parce qu'elles agissent sur la rétine, les autres obscures (ultra-violettes ou infra-rouges), qui se manifestent par leurs effets chimiques ou calorifiques. Les premières ne doivent leurs qualités qui nous les font paraître d'une autre nature, qu'à une sorte de hasard physiologique. Pour le physicien, l'infra-rouge ne diffère pas plus du rouge que le rouge du vert ; la longueur d'onde est seulement plus grande ; celle des radiations hertziennes est beaucoup plus grande encore; mais il n'y a là que des différences de degré, et l'on peut dire, si les idées de Maxwell sont vraies, que l'illustre professeur de Bonn a réalisé une véritable synthèse de la lumière.

La synthèse cependant n'est pas encore parfaite, et d'abord une première difficulté provient de la grandeur même de la longueur d'onde.

On sait que la lumière ne suit pas exactement les lois de l'Optique géométrique, et l'écart, qui produit la diffraction, est d'autant plus considérable que la longueur d'onde est plus grande. Avec les grandes longueurs des ondulations hertziennes, ces phénomènes doivent prendre une importance énorme et tout troubler. Sans doute il est heureux, pour le moment du moins, que nos moyens d'observation soient si grossiers; sans quoi la simplicité qui nous a séduits au premier abord ferait place à un dédale où nous ne pourrions nous reconnaître. C'est de là probablement que proviennent diverses anomalies que l'on n'a pu expliquer jusqu'ici.

A ce compte, la petitesse de notre corps et de tous les objets dont nous nous servons, serait le seul obstacle à une synthèse parfaite. Pour des géants, qui compteraient habituellement les longueurs par milliers de kilomètres, c'est-à-dire par millions de longueurs d'onde des excitateurs hertziens, qui compteraient les durées par millions de vibrations hertziennes, les rayons hertziens seraient tout à fait ce qu'est pour nous la lumière.

2. Autres différences. — Malheureusement il y a encore d'autres différences, et d'abord les oscillations hertziennes s'amortissent très rapidement, tandis que la durée des oscillations lumineuses se compte par trillions de vibrations. C'est ce qui, nous l'avons vu, explique les phénomènes de la résonance multiple qui n'ont pas d'analogues en Optique.

Ce n'est pas tout : rappelons-nous ce que c'est que la lumière naturelle : pendant un dixième de seconde (c'est-à-dire pendant la durée de la persistance des impressions rétiniennes), l'orientation de la vibration, son intensité, sa phase, sa période changent des millions de fois : et cependant elles se maintiennent sensiblement constantes pendant des millions de vibrations. Le nombre des vibrations en une seconde se compte en effet par millions de millions.

Il est loin d'en être de même avec les vibrations hertziennes :

1° Elles ne prennent pas toutes les orientations possibles comme celles de la lumière naturelle ; elles conservent une orientation constante comme celles de la lumière polarisée.

2° Leur intensité, loin de se maintenir constante pendant des millions de vibrations, décroît très rapidement de façon à s'annuler après un petit nombre d'oscillations. Quand elles sont éteintes, elles ne recommencent pas immédiatement, avec une nouvelle intensité, une phase et une orientation différentes ; mais il se fait un long silence, beaucoup plus long que ne l'a été la période d'activité, et qui n'est rompu que quand fonctionne de nouveau le trembleur de Ruhmkorff.

Nous avons vu, page 57, que l'énergie rayonnée par un excitateur n'est pas la même dans toutes les directions, qu'elle est maxima vers ce que nous avons appelé l'équateur et nulle vers les pôles. Pourquoi ne retrouve-t-on pas les mêmes lois avec la lumière?

La source lumineuse, à un instant quelconque, n'envoie pas non plus une quantité égale d'énergie dans tous les sens ; il y a aussi un maximum à l'équateur ; seulement, *en un dixième de seconde, l'équateur a si souvent varié, qu'il a pris toutes les orientations possibles*, et il en résulte que notre œil, qui ne perçoit que des moyennes, constate un éclairement uniforme.

Que faudrait-il donc pour avoir une synthèse parfaite de la lumière? il faudrait concentrer, dans un petit espace, un nombre immense d'excitateurs qui seraient orientés dans tous les sens; il faudrait faire fonctionner ces excitateurs simultanément ou successivement, mais sans interruption, de façon que le second entrât en branle avant que les vibrations du premier eussent complètement cessé. Il faudrait enfin, pour constater les effets, un instrument qui enregistrerait les énergies moyennes et qui serait comme une rétine dont les impressions persisteraient pendant des trillions d'oscillations hertziennes.

Ce qu'on obtiendrait ainsi, ce serait l'analogue de la lumière blanche, *quand même tous ces excitateurs auraient même période*, à cause de l'amortissement.

Pour avoir quelque chose d'analogue à une lumière sensiblement monochromatique, il faudrait que les excitateurs eussent non seulement à peu près même période, mais encore un amortissement extrêmement faible.

3. Explication des ondes secondaires. — J'ai parlé, page 70, des ondes secondaires qu'a découvertes Righi et qui émanent des résonateurs ou des masses diélectriques placés dans le voisinage d'un excitateur. Ces phénomènes ne semblent pas d'abord avoir d'analogie optique.

On ne saurait les comparer à ce qui se passe quand un corps, absorbant la lumière qui le traverse, s'échauffe assez pour devenir lumineux à son tour. Dans ce cas, la transformation ne se fait pas directement, et il faut passer par l'intermédiaire de la chaleur ; de plus, il n'y a aucune relation nécessaire entre la phase des vibrations émises par le corps incandescent et celle des vibrations excitatrices. *Ces vibrations ne pourraient donc interférer entre elles.*

Il ne faut pas davantage comparer avec les phénomènes de phosphorescence, car les vibrations émises par le corps phosphorescent ne peuvent pas non plus interférer avec les vibrations excitatrices.

La comparaison doit être cherchée ailleurs.

Si les ondes secondaires se forment c'est qu'une partie de la radiation excitatrice a été *diffractée* par le résonateur, ou la masse diélectrique.

Seulement cette « diffraction » diffère beaucoup de celle à laquelle nous sommes accoutumés.

D'abord les déviations sont énormes parce que les dimensions des corps diffracteurs sont comparables aux longueurs d'onde. En second lieu, les phénomènes dépendent de la nature de ces corps, et pas seulement de leur forme comme l'exigerait la théorie géométrique de Fresnel: mais cette théorie n'est qu'une approximation et ne s'applique qu'aux petites déviations comme l'ont montré les expériences de Gouy sur la lumière diffractée par le tranchant d'un rasoir.

Enfin les ondes secondaires produites par les résonateurs ne sont généralement pas de nature identique à celles des ondes incidentes; de même en Optique, la nature de la lumière diffractée n'est pas identique à celle de la lumière incidente; c'est ainsi que, si la lumière incidente est blanche, la lumière diffractée est généralement colorée.

Seulement, dans les expériences de Hertz et de Righi, cette altération de la lumière par la diffraction nous apparaît sous une forme tout à fait insolite, et nous hésitons à la reconnaitre.

L'amortissement de l'excitateur est plus rapide que celui des résonateurs, il arrive que les ondes secondaires qui correspondent à la lumière diffractée, subsistent encore après que les ondes incidentes ont disparu. Cette forme paradoxale de la diffraction paraîtra toute naturelle si l'on y réfléchit un peu.

C'est qu'une vibration amortie peut, à un certain point de vue, être comparée à une vibration complexe dont les composantes sont dépourvues d'amortissement.

Qu'arrive-t-il au bout d'un certain nombre d'oscillations ? On constate que chacune de ces composantes a conservé son intensité, tandis que la vibration résultante est éteinte. Comment cela se fait-il ? La résultante s'éteint, parce que les composantes se détruisent mutuellement par interférence.

La diffraction analysera cette vibration complexe, comme elle analyse la lumière blanche en séparant les diverses couleurs. Si elle ne laisse subsister qu'une seule des composantes, l'interférence mutuelle des diverses composantes n'en amènera plus la destruction.

La lumière incidente, où toutes les composantes se trouvent à la fois, pourra donc être éteinte, tandis que la lumière diffractée, qui n'en contient qu'une seule, brillera encore.

Avec la lumière ordinaire, un pareil phénomène ne se produit jamais; pas plus qu'il ne se produirait avec la lumière hertzienne, si, au lieu d'un excitateur unique, nous en avions un très grand nombre se comportant comme je l'expliquais page 75.

Ils entreraient en fonction à des moments quelconques, mais indépendamment l'un de l'autre, et ils seraient assez nombreux pour qu'on n'ait pas à craindre que le concert soit jamais interrompu. On aurait ainsi une synthèse plus parfaite de la lumière, et l'on voit que dans ce cas les ondes incidentes ne s'éteindraient plus.

Une expérience récente a, d'ailleurs, mieux mis en évidence les analogies optiques des ondes secondaires de Righi.

M. Garbasso recevait les radiations hertziennes sur une sorte d'écran discontinu formé d'un certain nombre de résonateurs identiques. Cet écran réfléchissait des radiations secondaires dont la période et l'amortissement étaient ceux de ces résonateurs.

Ce phénomène, dont l'analogie avec celui des ondes secondaires est évidente, a pu être reproduit en Optique. On prenait une lame de verre argentée, on enlevait l'argenture par les traits équidistants et très rapprochés d'une sorte de quadrillage très fin, de sorte que l'argent restant formait un grand nombre de rectangles très petits, assimilables à de véritables résonateurs.

Cet appareil se comportait vis-à-vis de la lumière infra-rouge et en particulier vis-à-vis des *rayons restants* de Rubens, comme le faisait, vis-à-vis des rayons hertziens, celui de M. Garbasso, dont il était la reproduction sous des dimensions très différentes.

4. Remarques diverses. — Deux rayons lumineux, qui n'ont pas même origine, ne peuvent interférer, et cela pour la raison suivante. Tout, nous l'avons vu, se passe comme si chacun d'eux était produit par un très grand nombre d'excitateurs, qui se mettraient à vibrer indépendamment l'un de l'autre, et à des intervalles irréguliers.

Pendant un dixième de seconde, tous ces excitateurs entrent successivement en fonction, la différence de phase des deux rayons interférents change un très grand nombre de fois ; tantôt ils s'ajoutent, tantôt ils se détruisent ; l'œil, qui ne perçoit qu'une moyenne, ne voit donc ni renforcement, ni affaiblissement, il ne voit pas d'interférences. Un seul couple d'excitateurs produirait des franges d'interférence, mais les différents systèmes de franges dus aux différents couples d'excitateurs ne se superposent pas, ils se brouillent mutuellement, et l'on ne voit plus qu'un éclairement uniforme.

Les mêmes raisons ne subsistent pas dans le cas de deux rayons hertziens produits chacun par un excitateur unique, avec une seule interruption du primaire de la bobine. Il n'y a aucune raison pour que les franges d'interférence se brouillent, puisqu'il n'y a plus qu'un système de franges. Les deux rayons, quoique d'origine différente, doivent donc pouvoir interférer.

On ne verra pas toujours facilement les interférences, parce que, en général, le second excitateur ne vibrera que trop longtemps après l'extinction du premier ; mais on pourrait y arriver pourtant en alimentant les deux excitateurs avec une même bobine et si l'amortissement n'était pas trop grand. C'est là encore une différence avec l'Optique.

On peut se demander aussi quelle est l'analogie optique de la propagation le long d'un fil. Le phénomène optique correspondant ne peut pas être mis en évidence, parce que, vu la petitesse de la longueur d'onde, il reste confiné, tant dans l'air que dans le métal, dans une couche d'un ou deux millièmes de millimètre d'épaisseur.

Tout au plus, pourrait-on faire un rapprochement avec le phénomène des fontaines lumineuses où l'énergie lumineuse se propage en suivant une veine liquide : cette comparaison, moins grossière qu'il ne semble, est cependant bien imparfaite, puisque les fils métalliques sont conducteurs, tandis que la veine liquide se comporte vis-à-vis de la lumière comme un diélectrique transparent.

Néanmoins, on pourrait sans doute reproduire avec les rayons hertziens le phénomène des fontaines lumineuses.

On réaliserait alors une série de modèles avec des diélectriques dont le pouvoir inducteur ε (*cf.* Chap. X) serait de plus en plus grand, et le cas du fil métallique apparaîtrait à l'extrémité de la série comme cas limite.

5. Arc chantant. — Nous venons de voir que l'une des principales différences entre les ondes hertziennes et les ondes lumineuses provient du rapide amortissement des premières. Le dispositif de l'*arc chantant* permet de faire disparaître dans une certaine mesure cette différence.

Si un arc électrique est alimenté par du courant continu et si l'on place en dérivation une self-induction et un condensateur, on a quelque chose d'analogue à l'excitateur de Hertz : le condensateur en dérivation représentant les deux capacités de l'excitateur, et l'arc jouant le rôle de l'interrupteur à étincelles. Dans certaines conditions, l'arc s'éteint et se rallume à chaque oscillation. Au lieu du déclanchement unique dont nous parlions au Chapitre IV et qui provoque une série d'oscillations rapidement amorties, on a une série de déclanchements successifs se reproduisant à chaque oscillation. Ces oscillations sont *entretenues* comme le sont celles du balancier de nos horloges. On a un véritable *échappement électrique*.

Pour cela il faut que la cathode reste chaude, sans quoi l'arc ne se rallumerait pas. On a d'abord réalisé des oscillations dont la fréquence était analogue à celle des ondes sonores et qui étaient aisément perceptibles à l'oreille, d'où le nom d'*arc chantant*.

M. Poulsen, en vue des applications à la Télégraphie sans fil, a réalisé par divers artifices des fréquences de 1 à 2 millions, et a pu porter à 1 kilowatt la puissance mécanique absolue.

La lumière réalisée de la sorte peut être regardée comme analogue à la lumière ordinaire mais *entièrement polarisée et rigoureusement monochromatique*. Malheureusement la longueur d'onde est trop grande pour qu'on puisse réaliser des expériences analogues à celles que nous venons de décrire.

CHAPITRE XIV.

PRINCIPE DE LA TÉLÉGRAPHIE SANS FIL.

1. Principe de la Télégraphie sans fil. — On sait depuis Faraday que, si un circuit métallique est placé dans le voisinage d'un courant intermittent, alternatif ou variable, il se produit dans ce circuit des courants secondaires appelés *courants induits*. Cette action se fait sentir à distance, aussi bien à travers un isolant ou à travers l'air qu'à travers un conducteur. Il y a là, théoriquement au moins, un moyen d'envoyer des signaux à distance sans l'intermédiaire d'aucun fil.

Mais cette idée a longtemps paru chimérique. Avec les ressources dont on disposait autrefois, les effets d'induction ne pouvaient être sensibles qu'à de très petites distances, beaucoup trop petites pour qu'on pût songer à en tirer parti.

Ce sont les expériences de Hertz en 1888 qui ont fait entrer la question dans une nouvelle phase.

Nous avons décrit ces expériences dans les Chapitres qui précèdent. Suivant les dimensions de l'appareil, la période de ces oscillations varie, comme je l'ai dit, de 2.10^{-8} à 2.10^{-10} seconde.

Les effets d'induction, étant dus aux variations du courant primaire, sont d'autant plus intenses que ces variations sont plus rapides. Il est donc naturel que Hertz, avec de pareilles fréquences, ait pu observer ces effets à plusieurs mètres.

Hertz avait fait une véritable synthèse de la lumière ; ainsi se trouvait confirmée l'idée de Maxwell, d'après laquelle la lumière est due à des phénomènes électriques alternatifs de période très courte.

Les différences apparentes ne sont dues qu'à la durée de la période, ou à ce qu'on appelle la *longueur d'onde*, c'est-à-dire le chemin parcouru par la lumière pendant une période. Si cette longueur est de quelques dix-millièmes de millimètre, on a les radiations visibles, si elle est de quelques centimètres ou de quelques mètres, on a les radiations hertziennes ; de sorte qu'en passant des ondes les plus courtes aux ondes plus longues, on rencontre successivement les rayons chimiques ultra-violets invisibles, les rayons violets, bleus, verts, jaunes, rouges, les rayons calorifiques invisibles et enfin les rayons hertziens, de sorte qu'il n'y a pas d'autre différence entre ceux-ci et la lumière visible qu'entre la lumière verte et la lumière rouge.

Mais alors, si la lumière ordinaire permet d'envoyer au loin des signaux par la télégraphie optique, pourquoi la lumière hertzienne, si je puis m'exprimer ainsi, ne donnerait-elle pas aussi une solution du problème de la Télégraphie sans fil ?

2. Impossibilité de concentrer les radiations. — La télégraphie optique dispose, il est vrai, d'une ressource qui fait défaut à la télégraphie hertzienne ; elle concentre la lumière par le moyen de lentilles et de miroirs, transforme les rayons divergents, émanés d'une source, en un faisceau de rayons parallèles et les envoie dans une seule direction. Avec des radiations hertziennes, c'est-à-dire avec des ondes de grande longueur, cela n'est plus possible.

On dit communément que la lumière se propage en ligne droite, mais cela n'est qu'à peu près vrai ; sur les bords d'un faisceau lumineux, les rayons s'écartent plus ou moins de leur trajectoire rectiligne et ce phénomène qu'on appelle *diffraction* est d'autant plus accentué que la longueur d'onde est plus grande. Si la lumière visible se propage sensiblement en ligne droite et suit les lois connues de la réflexion et de la réfraction, c'est parce que sa longueur d'onde est plus petite qu'un millième de millimètre, extrêmement petite, par conséquent, par rapport aux dimensions des obstacles qu'elle rencontre, des lentilles qu'elle traverse, des miroirs qui la réfléchissent.

Pour concentrer les ondes hertziennes, il faudrait donc des lentilles énormément plus grandes que la longueur de ces ondes ; sans cela, le phénomène de diffraction deviendra prépondérant et la réfraction ne se fera plus régulièrement. Avec des ondes de plusieurs mètres, il faudrait donner aux lentilles un diamètre de plusieurs kilomètres ; avec des ondes de quelques centimètres, il faudrait encore de très grandes lentilles.

Il y a d'ailleurs une autre raison qui empêche de songer à employer ces ondes courtes.

Righi a bien pu obtenir des ondes très courtes, mais avec de très petits excitateurs de capacité très petite, où l'on ne peut, par conséquent, accumuler que très peu d'électricité, c'est-à-dire très peu d'énergie. Les effets deviennent alors trop faibles pour pouvoir être utilisés en Télégraphie.

3. Quantité d'énergie transmise. — Donc, pas de concentration possible. On comprendra combien la difficulté est grande

6

si l'on se rend compte de la faiblesse de l'énergie produite
dans un excitateur et c'est ce qu'on pourra faire à l'aide de la
comparaison suivante. A chaque décharge, une certaine quantité d'énergie est accumulée dans l'excitateur. C'est elle qui
produit les oscillations et ces oscillations se poursuivraient
indéfiniment si cette énergie ne se dissipait pas. Mais elle se
dissipe de deux manières : d'abord par rayonnement, elle se
communique à l'éther ambiant sous forme d'ondes hertziennes ;
c'est cette partie de l'énergie qui est utilisable. Ensuite par la
résistance des conducteurs, qui agit sur les oscillations électriques comme le frottement agirait sur un pendule, de sorte
que, les conducteurs s'échauffant, une partie de l'énergie est
transformée en chaleur, et définitivement perdue. C'est le petit
espace où l'étincelle éclate qui est de beaucoup le plus résistant,
de sorte que presque toute cette énergie perdue est employée à
produire la lumière et la chaleur de l'étincelle.

A première vue, et en nous contentant d'une évaluation
grossière, nous pouvons admettre que l'énergie ainsi perdue est
le dixième de l'énergie totale. Mais toute cette énergie perdue
ne se retrouve pas sous forme de lumière visible ; la plus grande
partie prend la forme de chaleur obscure. Toutefois, comme la
température de l'étincelle est énorme, et par conséquent le ren-
dement lumineux très bon, on peut admettre qu'un dixième de
l'énergie de l'étincelle est de la lumière visible. A ce compte,
l'énergie de la lumière de l'étincelle serait le centième de celle
des ondes hertziennes ; toutes choses égales, d'ailleurs, elle
devrait donc pénétrer dix fois moins loin. (Je dis dix fois,
à cause de la loi du carré des distances.) Si donc la rétine hu-
maine avait la même sensibilité que les appareils qui décèlent
les ondes hertziennes à 3oo^{km}, nous devrions voir l'étincelle à
3o^{km} et cela sans le secours d'aucun système de concentration.
Nous sommes loin de compte, et nous devons conclure que la
Télégraphie sans fil n'aurait jamais pu fonctionner, si l'on n'avait
inventé un appareil beaucoup plus sensible que notre rétine qui,
cependant, est déjà un instrument d'une merveilleuse délicatesse.

D'ailleurs, de récentes expériences de M. Tissot nous four-
nissent des données plus précises. Avec un appareil de force
moyenne, l'énergie émise à chaque étincelle n'est que de quelques
dixièmes de kilogrammètre. A une distance de 1^{km}, l'antenne
réceptrice drainant ainsi tout ce qui tombe sur toute sa longueur
et sur une largeur de 1^m, capte une quantité d'énergie capable
d'élever un poids de 5^{gr} à 1^{cm} de hauteur. A 100^{km}, cette quantité
serait naturellement dix mille fois plus faible.

4. Description succincte des appareils. — Cet appareil, d'une

exquise sensibilité, sans laquelle la Télégraphie sans fil serait
toujours restée une chimère, est le *cohéreur*, ou radio-conducteur
dont nous avons parlé en détail au Chapitre VI. Je n'ai donc pas
à y revenir.

Fig. 6.

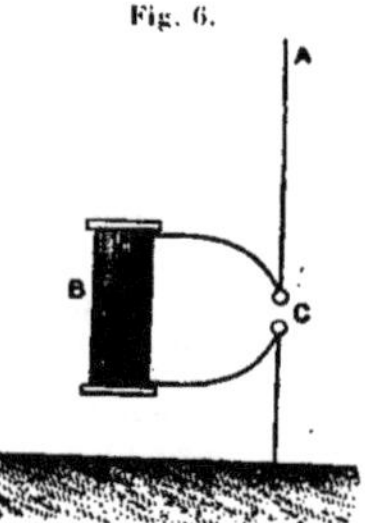

Cette figure représente l'appareil transmetteur, elle est schématique.
elle n'est pas à l'échelle, pas même grossièrement; il est clair, en effet.
que, l'antenne ayant 5o^m, les autres parties de l'appareil n'auraient pu
être représentées si les proportions avaient été conservées. Cette
observation s'applique à toutes les figures suivantes.

A, antenne. — C, intervalle où éclate l'étincelle. — B, bobine de
Ruhmkorff.

Un autre organe essentiel de la Télégraphie sans fil est l'*antenne* dont l'invention est due à Popoff. C'est une longue tige
métallique verticale de 10^m à 5o^m, soutenue par un mât. Elle
est mise en communication avec une des deux moitiés de l'excitateur (qui se compose, je le rappelle, de deux conducteurs
entre lesquels éclate une étincelle); l'autre moitié communique
avec le sol.

Je discuterai plus loin le rôle de l'antenne.

L'appareil transmetteur se composera donc d'un excitateur
dont une moitié communiquera avec l'antenne et l'autre avec le
sol (*fig*. 6).

L'appareil récepteur se composera d'une antenne et d'un
cohéreur dont une des électrodes communique, d'une part, avec
l'antenne réceptrice (*fig*. 7) et, d'autre part, avec un des pôles
d'une pile, tandis que l'autre électrode communique, d'une part.
avec le sol et, d'autre part, avec l'autre pôle de la pile.

Quand, à la station de transmission, on fera fonctionner la

bobine de Ruhmkorff, des oscillations électriques se produiront
dans le système formé par l'excitateur et l'antenne, l'énergie de
ces oscillations rayonnera au dehors sous forme d'ondulations

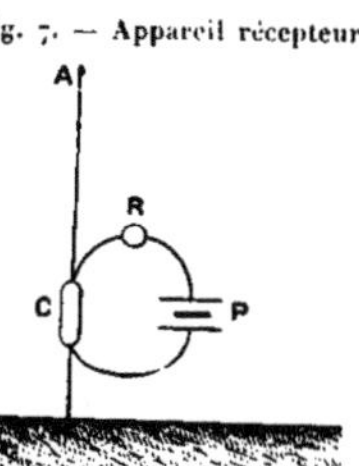

Fig. 7. — Appareil récepteur.

A, antenne. — R, relais faisant fonctionner le Morse.
P, pile locale. — C, cohéreur.

hertziennes; elle atteindra l'antenne réceptrice ; des courants
induits oscillatoires se produiront alors de l'antenne au sol à travers le cohéreur ; ces courants seront excessivement faibles, mais
ils suffiront pour impressionner le cohéreur qui deviendra
conducteur. Le courant de la pile passera alors et actionnera un
appareil Morse. Un petit marteau trembleur, en frappant pério-
diquement le cohéreur, lui fera perdre sa conductibilité et le
rendra ainsi capable de recevoir un nouveau signal.

5. **Explications théoriques.** — Certains savants répugnent à
admettre l'explication classique de la Télégraphie sans fil, ils
invoquent divers arguments que nous allons examiner:

1° Ils s'étonnent que l'effet puisse être sensible à des centaines
de kilomètres, s'il diminue, avec la distance, suivant la même loi
que la lumière; et ils en concluent que la propagation s'effectue
par quelque processus différent, tel que la décroissance avec
la distance soit moins rapide. Mais ils n'ont jusqu'ici rien pu
trouver qui paraisse d'accord avec ce que nous savons de l'électricité.

2° Ils remarquent que les ondes hertziennes contournent les
obstacles et ne se propagent pas en ligne droite comme la lumière.
Ils oublient que la lumière non plus ne marche qu'à peu près en
ligne droite ; que, par suite de la diffraction, un peu de lumière
pénètre dans l'ombre géométrique. Or, la diffraction est d'autant

plus marquée que la longueur d'onde est plus grande ; donc, les ondes hertziennes, qui sont 1 million de fois plus longues que les ondes lumineuses, pénétreront beaucoup plus facilement dans l'ombre géométrique et contournent ainsi des obstacles qui nous paraissent énormes, tels que de petites collines, ou la convexité du globe terrestre qui, pour des distances de plusieurs centaines de kilomètres, représente un obstacle de plusieurs centaines de mètres de hauteur.

3° Ils font observer que la propagation est beaucoup plus facile sur mer que sur terre ; c'est. en effet, ce que toutes les expériences confirment ; ils en concluent que la conductibilité du sol joue un rôle prépondérant. Mais le fait tient-il à la conductibilité de l'eau de mer, qui est d'ailleurs très faible pour des courants de haute fréquence, ou s'explique-t-il par l'absence d'obstacles géométriques? C'est ce qu'il est encore difficile de dire.

D'ailleurs, une expérience directe a montré qu'un cohéreur fonctionnait s'il était placé au fond d'un trou creusé dans la terre, *sans être recouvert*, mais qu'il restait inactif s'il était enterré : ce qui prouve bien que les ondes ne passent pas à travers la terre par conduction, que, par conséquent, elles ne traversent pas les obstacles, mais qu'elles les contournent par diffraction.

Il est vrai, d'autre part, que la portée est sensiblement doublée quand l'excitateur communique avec le sol ; nous verrons tout à l'heure pourquoi ; mais quand on supprime cette communication, la portée en est seulement amoindrie, tandis que la transmission devrait cesser complètement si elle se faisait par la terre. Les expériences de M. le capitaine Ferrié ont mis le fait hors de doute.

6. Mesure de la longueur d'onde. — En résumé, aucun de ces arguments n'a paru convaincant à la majorité des physiciens. Mais une autre question se pose ; l'excitateur se compose de deux petites boules entre lesquelles éclate l'étincelle ; les ondes ont-elles même période que si ces deux boules étaient isolées ; ou bien le système de l'antenne, des deux boules et du sol fonctionne-t-il comme un grand excitateur, qui émettrait alors des ondes bien plus longues? Dans la première hypothèse, à laquelle on a cru longtemps, l'antenne ne jouerait que le rôle d'un fil conducteur, qui amènerait les ondes émises par les deux petites boules jusqu'à son extrémité supérieure et les transmettrait ensuite à l'éther ambiant.

Aucune de ces deux hypothèses n'est absurde ; l'appareil pourrait émettre soit des ondes longues, soit des ondes courtes, de même qu'une corde vibrante peut donner plusieurs sons harmoniques. Mais l'expérience a décidé en faveur de la seconde.

M. le lieutenant de vaisseau **Tissot** a mesuré directement la période par le moyen d'un miroir tournant ; il a trouvé $0,06$ à $1,8.10^{-6}$ seconde. Les ondes sont donc 100 à 1000 fois plus longues que celles obtenues par Hertz, 10 à 100000 fois plus longues que celles de Righi, 1 000 000 000 de fois plus longues que les ondes lumineuses.

C'est même grâce à cette circonstance que la mesure a été possible : les vibrations réalisées par Hertz auraient été trop rapides et le miroir tournant n'aurait pas pu décomposer l'étincelle. C'est là en même temps une vérification du caractère périodique du phénomène.

Il resterait, pour achever de contrôler la théorie, à mesurer la vitesse de propagation. Le problème ne paraît pas inabordable : il semble qu'un même ébranlement parti de l'excitateur pourrait être transmis à une même station par deux chemins : par un fil et à travers l'air. Deux étincelles éclateraient à la station d'arrivée et un miroir tournant permettrait d'apprécier l'intervalle de temps qui les sépare. On pourrait donc comparer la vitesse des ondes hertziennes à travers l'air et dans un fil : quant à cette dernière, elle a été déterminée par l'expérience de Blondlot.

Il serait aussi intéressant de savoir quelle est la quantité d'énergie rayonnée dans les directions obliques ; mais cela ne pourrait se faire que par des expériences en ballon.

M. Ferrié a fait avec des ballons captifs des expériences qui ne sont pas entièrement favorables à la théorie ; il serait désirable que l'on multipliât les expériences de ce genre.

7. Rôle de l'antenne. — Je terminerai ces considérations théoriques en parlant du rôle de l'antenne. L'expérience a montré que la longueur des antennes doit être proportionnelle à la racine carrée de la distance à franchir. Pourquoi ? Est-ce pour que la droite qui joint les extrémités des deux antennes ne rencontre pas la terre ? Non, il faudrait pour cela des antennes beaucoup plus grandes. C'est plutôt parce qu'en augmentant leurs dimensions, on augmente la longueur d'onde et par conséquent le phénomène de diffraction par lequel peut être contourné l'obstacle dû à la rotondité du globe.

D'ailleurs, plus l'antenne réceptrice est longue, plus est grande la surface par laquelle les radiations sont captées ; tout se passe comme si l'on regardait une lumière lointaine avec une lunette dont l'objectif aurait une très grande ouverture.

Si l'on a avantage à relier l'excitateur au sol, c'est parce que la capacité de la seconde partie de l'excitateur devient ainsi pratiquement infinie. La longueur d'onde est alors doublée.

Pourquoi maintenant l'antenne doit-elle être verticale? Les sources de lumière naturelle donnent des vibrations dont la direction change constamment; par conséquent, l'énergie est rayonnée également dans tous les sens. Avec une antenne verticale, au contraire, la vibration est rectiligne et toujours verticale; elle est *naturellement polarisée*. Il en résulte qu'il y a plus d'énergie rayonnée dans le plan horizontal, c'est-à-dire dans les directions utiles, que dans les directions verticale ou oblique. On peut calculer qu'il y a une fois et demie plus d'énergie rayonnée dans le plan horizontal que si l'émission se faisait comme celle de la lumière naturelle et trois fois plus d'énergie utilisable, parce que l'antenne réceptrice utilise toute la vibration qu'elle reçoit et qui est verticale comme elle. Au contraire, dans le cas d'une radiation comparable à la lumière naturelle, un appareil récepteur quelconque ne pourrait utiliser que la moitié de l'énergie qu'elle recevrait, à savoir celle des vibrations qui auraient même direction que lui.

Mais on ne se ferait ainsi qu'une idée insuffisante de la supériorité des excitateurs rectilignes. Un excitateur courbé, formé par exemple d'un fil presque fermé réunissant les deux armatures d'un condensateur, ne serait nullement comparable à une source de lumière naturelle. Nous aurions une sorte de circuit fermé et, par conséquent, un fil d'aller et un fil de retour dont les actions de sens contraire se feraient sentir à peu près simultanément, surtout si les dimensions de l'appareil étaient petites par rapport à la longueur d'onde. *Ces actions se compenseraient alors presque complètement.* Au contraire, avec un excitateur rectiligne, toutes les actions s'ajoutent (¹); avec une source de lumière naturelle, les vibrations de sens opposé ne sont pas simultanées, mais elles se succèdent et, comme cette succession est irrégulière, il n'y a pas de raison pour que la compensation se fasse.

Les lois du rayonnement émané d'un excitateur rectiligne sont donc les mêmes que celles des radiations lumineuses; l'amplitude des vibrations varie en raison inverse du carré des distances. Au contraire, dans le cas d'une compensation complète, l'amplitude varierait en raison inverse du carré de la distance, et l'énergie en raison inverse de la quatrième puissance. Avec un excitateur presque fermé, la compensation serait presque complète et l'on se rapprocherait de cette dernière loi.

(¹) Cependant, la transmission ne se ferait pas si les deux antennes étaient rectilignes, horizontales toutes deux et parallèles; parce que, dans ces conditions, la vibration directe interférerait avec la vibration réfléchie sur le sol ou sur la mer.

J'ai dit que c'est pour augmenter la longueur d'onde qu'on augmente la hauteur des antennes. Mais il ne faudrait pas croire qu'on obtiendrait les mêmes résultats en augmentant la longueur d'onde par d'autres moyens, c'est-à-dire en augmentant d'une manière quelconque la capacité (¹) ou la self-induction, la longueur d'onde étant, comme on sait, à un facteur constant près, moyenne proportionnelle entre ces deux quantités. D'après ce qui précède, la forme de l'excitateur est, au contraire, très importante, et nous venons de voir que l'excitateur ne saurait s'éloigner beaucoup de la forme rectiligne sans devenir incapable de rayonner.

8. Importance de l'amortissement. — L'énergie accumulée dans l'excitateur se dissipe par le rayonnement ; l'amplitude des oscillations décroît donc rapidement : c'est ce qu'on appelle *l'amortissement*. Il est clair que, plus cet amortissement sera grand, plus courte sera la durée totale de l'ébranlement ; plus, par conséquent, l'ébranlement maximum sera grand pour une même quantité d'énergie accumulée. Or, comme nous l'avons vu, le cohéreur a d'autant plus de chance d'être impressionné que l'ébranlement *maximum* est plus fort ; l'ébranlement *moyen* n'importe pas.

CHAPITRE XV.

APPLICATIONS DE LA TÉLÉGRAPHIE SANS FIL.

---

1. Avantages et inconvénients de la Télégraphie sans fil. — La télégraphie hertzienne est comparable, comme nous l'avons dit, à la télégraphie optique. Il y a cependant d'assez grandes dissemblances provenant toutes de la différence des longueurs

---

(¹) Remarquons que la « capacité dynamique » qui intervient dans le calcul de la longueur d'onde n'est pas égale à la capacité mesurée par des procédés statiques, attendu que la distribution électrique pendant les oscillations diffère beaucoup de celle qui correspondrait à l'équilibre électrostatique. J'insiste sur ce point, parce qu'avec certaines antennes la capacité dynamique peut être dix ou quinze fois plus grande que la capacité statique.

d'onde. La longueur d'onde étant plus grande, la diffraction devient notable ; d'où la possibilité de contourner les obstacles. L'obstacle le plus important est celui qui est dû à la rotondité même du globe ; la lumière ordinaire ne peut ni la traverser, ni la tourner ; en télégraphie optique, on ne pourra donc communiquer à de grandes distances qu'à la condition d'avoir des postes très élevés. Avec des ondes longues, la diffraction est assez grande pour qu'il soit possible de contourner la convexité terrestre : on peut donc communiquer entre des points qui ne se voient pas. Ainsi a disparu la principale difficulté qui limitait la distance franchissable. Ainsi, avec la télégraphie optique, on allait à 40^{km} ou 50^{km} en choisissant des postes favorables ; avec la Télégraphie sans fil, on ira à 300^{km}.

D'autre part, la lumière visible est arrêtée par le brouillard, il n'en est pas de même de la lumière hertzienne ? Pourquoi ? Si la lumière est arrêtée, ce n'est pas précisément qu'elle soit absorbée, car elle traverserait sans peine la même quantité d'eau à l'état de liquide homogène ; elle est dissipée par les réflexions multiples qu'elle subit à la surface des innombrables vésicules du brouillard. C'est pour la même raison que le verre compact est transparent, tandis que le verre pilé est opaque. Mais pour que ces réflexions se produisent, il faut que les dimensions de ces vésicules soient grandes par rapport à une longueur d'onde. Une observation vulgaire le fera comprendre. On voit souvent sur les bulles de savon, au milieu des plages colorées, des taches entièrement noires ; ce sont les places où l'épaisseur de la bulle est non pas nulle (elle ne l'est nulle part, puisque la bulle n'est pas crevée), mais notablement plus petite qu'une longueur d'onde. Dans ces conditions, la surface de la bulle ne réfléchit plus de lumière et c'est pour cela qu'elle paraît noire.

Or, les dimensions des vésicules sont très grandes par rapport aux longueurs d'ondes lumineuses, très petites, au contraire, par rapport aux longueurs d'ondes hertziennes. C'est ce qui explique pourquoi elles se comportent si différemment dans les deux cas.

Cette transmission facile de la lumière hertzienne à travers le brouillard est une propriété précieuse, et l'on a proposé de s'en servir pour éviter les collisions en mer.

Nous avons vu que l'on doit renoncer à concentrer les ondes hertziennes dans une seule direction, comme on le fait en Télégraphie optique. Mais cet inconvénient emporte avec lui un avantage. Si les radiations sont concentrées dans une seule direction, il faut régler cette direction ; ce réglage est long et délicat, de sorte qu'on ne peut guère communiquer qu'entre des postes fixes. Au contraire, les ondes hertziennes étant envoyées indifféremment dans toutes les directions, permettront de communiquer avec un poste mobile, quand même la position n'en serait pas connue. D'où l'importance du nouveau système pour la marine.

Voici maintenant les inconvénients. La télégraphie optique et la télégraphie hertzienne ont sur la télégraphie ordinaire un avantage commun : c'est qu'en temps de guerre, l'ennemi ne peut pas interrompre les communications en coupant les fils. Mais avec la télégraphie optique, le secret est assuré, à moins que l'ennemi ne puisse se placer sur la trajectoire du mince filet lumineux envoyé d'une station à l'autre, et qui passe le plus souvent à une grande hauteur. Les ondes hertziennes sont, au contraire, envoyées dans toutes les directions ; elles peuvent donc impressionner les cohéreurs ennemis aussi bien que les cohéreurs amis et, pour le secret, on ne peut plus se fier qu'à son chiffre. De plus, l'ennemi peut troubler les communications en envoyant des signaux incohérents qui viendront se confondre avec les signaux émis par la station amie. Même en temps de paix, il importerait d'assurer le secret des correspondances et, d'autre part, on peut prévoir un moment où les appareils se multipliant, les signaux émis par plusieurs stations voisines se superposeront de façon à engendrer une confusion inextricable. On se souvient qu'Édison avait menacé ses concurrents européens, s'ils voulaient expérimenter en Amérique, de troubler leurs expériences de cette manière.

2. Principe de la Télégraphie syntonique. — Tels sont les inconvénients que les inventeurs ont cherché à atténuer. Bien des procédés ont été proposés, mais je ne parlerai que de ceux que l'on a commencé à soumettre à des essais pratiques et qui sont tous fondés sur le principe de « syntonisation », c'est-à-dire qui cherchent tous à imiter le phénomène acoustique de la résonance. On sait qu'un corps sonore, placé dans le voisinage d'un autre corps vibrant, entrera lui-même en vibration, mais que ces vibrations, très fortes si les sons propres des deux corps sont à l'unisson, seront presque insensibles pour peu que l'on s'écarte de cet unisson.

Si l'on pouvait obtenir les mêmes résultats avec des vibrations électriques. le problème serait résolu. Ces signaux de période différente pourraient se superposer sans dommage, chaque récepteur démêlerait celui pour lequel il serait accordé. D'ailleurs, nous n'aurions plus à craindre que l'ennemi intercepte nos télégrammes, puisqu'il ne sait pas quelle est la période de notre excitateur.

Malheureusement, il y a de grandes difficultés. Sans doute un

récepteur vibre mieux s'il est à l'unisson de l'excitateur ; mais
si l'on s'écarte de cet unisson, l'amplitude des variations, au lieu
de devenir presque brusquement insensible, comme en Acoustique,
décroît avec une certaine lenteur. Il y a donc résonance, mais
résonance imparfaite.

Et encore, cette résonance, nous la connaissons par les an-
ciennes expériences de Hertz, qui n'employait pas le cohéreur.
Nous l'ignorerions peut-être encore si l'on s'était toujours servi
du tube à limaille. Le cohéreur, en effet, à cause de sa sensibilité
même, ne saurait distinguer ces différences. Il est impressionné
par des excitations très faibles et comme ce n'est qu'un appareil
de déclenchement, il ne répond pas mieux aux excitations fortes
qu'aux excitations faibles, pourvu que celles-ci dépassent la
limite de sa sensibilité. C'est pourquoi la période peut varier de
1 à 20, comme pour deux sons distants de cinq octaves, sans
qu'on constate de différence appréciable dans la qualité de la
réception.

Pourquoi cette différence entre la résonance acoustique et la
résonance électrique? C'est parce que les oscillations, nous l'avons
vu, s'*amortissent* très rapidement; il en résulte que les vibrations
électriques sont plutôt comparables à un bruit qu'à un son musical pur.

3. Transmetteur de Marconi. — De nombreuses tentatives
ont été faites pour triompher de ces difficultés. Autant qu'on
peut en juger (car les inventeurs ont naturellement cherché à
conserver leur secret), tous les appareils se ressemblent dans
leurs traits essentiels. Après avoir signalé en passant l'idée ingé-
nieuse de M. Slaby, qui place le cohéreur, non dans le voisinage
d'un nœud où l'amplitude des variations est minimum, mais au
contraire dans le voisinage d'un ventre, je crois qu'il suffira de
décrire succinctement l'un de ces appareils, en choisissant celui
sur lequel nous avons le plus de détails. Je m'étendrai donc
seulement sur les procédés qui ont servi à M. Marconi pour
communiquer de Wimereux à Douvres par-dessus le Pas-de-
Calais, et d'Antibes en Corse par-dessus la Méditerranée.

Le nouveau transmetteur Marconi (*fig.* 8) se compose d'un
excitateur primaire et d'un appareil secondaire. L'excitateur
primaire est formé de treize bouteilles de Leyde, associées en
quantité, dont les armatures sont réunies par un fil ; ce fil est
interrompu sur quelques millimètres et c'est dans cette interruption que jaillit l'étincelle. Les armatures sont, d'autre part, en
connexion avec les deux pôles de la bobine de Ruhmkorff. La
bobine charge les bouteilles, comme nous l'avons expliqué, et,
quand l'étincelle éclate, les bouteilles se déchargent en oscillant.

On remarquera que cet excitateur n'est pas rectiligne mais presque fermé sur lui-même.

Fig. 8. — Transmetteur Marconi.

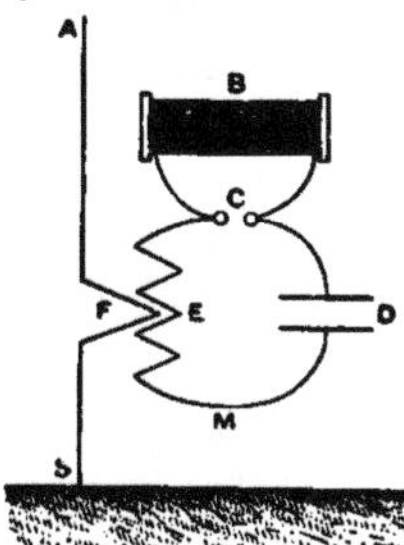

B, bobine de Ruhmkorff. — CDME, excitateur primaire. — C, intervalle où éclate l'étincelle. — D, bouteilles de Leyde. — AFS, secondaire. — A, antenne. — F, enroulement secondaire du transformateur. — S, sol. Les bouteilles de Leyde D et le transformateur EF sont représentés schématiquement, suivant l'usage des électriciens.

Le secondaire est formé par l'antenne directement reliée au sol. Il n'y a donc plus connexion directe entre l'antenne et l'excitateur : et l'ébranlement ne se transmet à l'antenne que par induction ; voici comment. On sait ce que c'est qu'un transformateur : c'est une bobine sur laquelle s'enroulent deux fils ; quand on produit un courant variable dans l'un des fils, il naît un courant induit dans l'autre fil. C'est un appareil analogue qui transmet ici l'ébranlement ; autour d'un cadre de bois plongé dans l'huile s'enroulent, d'une part, quelques spires du fil primaire de l'excitateur et, d'autre part, une spire du fil secondaire qui relie l'antenne au sol.

On peut prévoir que ce dispositif réduira l'amortissement, de sorte que l'oscillation électrique se rapprochera un peu du son musical pur. J'ai dit plus haut qu'un excitateur presque fermé rayonne très mal ; c'est justement pour cela qu'il conserve son énergie et qu'il s'amortit lentement. Il la conserverait bien plus longtemps encore si, par le transformateur, il n'en transmettait une partie au secondaire et à l'antenne. Celle-ci rayonne rapidement ce qu'elle a reçu, et cependant l'amplitude de ses vibrations se maintient quelque temps, parce qu'à mesure qu'elle perd de l'énergie par rayonnement, elle en reçoit du transformateur jusqu'à ce que la provision accumulée dans le primaire soit épuisée.

Ainsi l'amortissement doit être plus faible qu'avec les appareils ordinaires ; et il serait plus faible encore si l'antenne rayonnante n'était pas reliée au secondaire. C'est ce que confirment les expériences de M. Tissot. Ce savant officier, observant avec un miroir tournant l'étincelle de l'appareil ordinaire, obtenait au plus trois images de cette étincelle : ce qui veut dire qu'au bout de trois vibrations les oscillations étaient devenues insensibles ; avec un dispositif analogue à celui de Marconi, il en obtenait dix ; il en avait bien davantage quand l'antenne n'était pas reliée au secondaire.

J'ai dit qu'un fort amortissement était favorable aux transmissions lointaines. Ici l'amortissement est diminué sans que la portée soit amoindrie ; car l'énergie totale accumulée est plus grande à cause de la grande capacité des bouteilles de Leyde. On peut calculer la provision d'énergie accumulée d'après cette capacité et la différence de potentiel mesurée par la longueur de l'étincelle ; d'autre part, la durée de la perturbation est, d'après l'expérience que je viens de citer, de dix oscillations ou de $\frac{1}{100\,000}$ de seconde ; c'est pendant cette durée que cette provision doit être dépensée ; on trouve ainsi que, pendant ce temps très court, la puissance moyenne sera d'une trentaine de chevaux-vapeur ; on voit que l'*ébranlement maximum* peut rester considérable. De plus, si l'on obtenait réellement la résonance, cet ébranlement maximum se trouverait multiplié *pour les récepteurs à l'unisson*, parce que les effets des vibrations successives seraient concordants et s'ajouteraient les uns aux autres. Comme résultat final, la portée serait augmentée pour les récepteurs à l'unisson et diminuée pour les autres.

4. Récepteur de Marconi. — Dans le récepteur, comme dans le transmetteur, l'antenne est directement reliée au sol (*fig.* 9). L'ébranlement reçu par cette antenne est transmis par induction au circuit du cohéreur, par le moyen d'un transformateur particulier appelé *jigger*. Ce transformateur diffère beaucoup de celui du transmetteur ; il ne s'agit plus, en effet, de faire passer l'énergie du primaire (qui est ici l'antenne) au secondaire (qui est ici le circuit du cohéreur), *peu à peu* afin d'obtenir un faible amortissement, mais, au contraire, *très rapidement* pour que l'ébranlement maximum reçu par le cohéreur soit aussi grand que possible.

Le secondaire du jigger se compose de deux bobines distinctes

qui sont reliées : 1° aux deux armatures d'un condensateur ;
2° aux deux électrodes du cohéreur : 3° aux deux pôles d'une
pile locale par des fils traversant des bobines de self-induction.

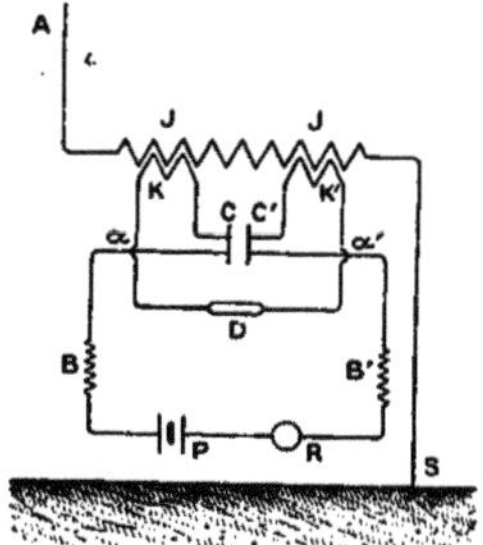

Fig. 9. — Récepteur Marconi.

AJS, primaire. — A, antenne. — J, enroulement primaire du jigger.
— S, sol. — CKDK'C', circuit où se produisent les oscillations
secondaires. — CC', armatures du condensateur. — KK', bobines
secondaires du jigger. — D, cohéreur. — PRB'C'KCBP, circuit de la
pile locale. — P, pile locale. — R, relais actionnant le Morse. — ·
BB', bobines de self-induction.

Sur la figure, les deux circuits se croisent en α et en α', mais les fils
passent l'un au-dessus de l'autre sans être en connexion.

Le circuit parcouru par les courants oscillants comprend le
condensateur, les bobines du jigger et le cohéreur ; cet ensemble
est donc analogue à un excitateur presque fermé. Le circuit parcouru par le courant de la pile locale comprend la pile, les
bobines de self-induction, les bobines du jigger et le cohéreur.
Le courant continu de la pile ne peut emprunter le premier circuit puisqu'il ne peut passer à travers le condensateur ; il ne
passera donc que quand le cohéreur sera rendu conducteur par
les oscillations hertziennes.

D'un autre côté, les bobines de self-induction n'opposent,
comme on sait, aucune résistance aux courants continus, tandis
qu'elles arrêtent les courants alternatifs rapides ; de même qu'une
forte masse, à cause de son inertie, pourra prendre une grande
vitesse uniforme sous l'influence d'une force constante, mais ne

prendra pas facilement un mouvement alternatif. Elles ne gêne-
ront donc pas le courant de la pile, tandis qu'elles arrêteront les
oscillations hertziennes et les empêcheront d'aller se perdre dans
le circuit de la pile locale.

Il paraît qu'avec ces dispositifs on peut, par un réglage convenable, obtenir une sorte de résonance. Est-ce parce que l'amortissement est plus faible? C'est possible, mais nous n'en savons
pas assez pour que nous puissions l'affirmer.

Mais il ne faut pas se faire d'illusions sur la perfection de cette
résonance. Un même récepteur sera indifféremment impressionné par des ondes de longueur assez différente ; telle une
oreille qui distinguerait l'octave, mais ne pourrait discerner les
intervalles plus petits.

Le secret des correspondances n'est donc pas assuré; supposons
que la transmission doive se faire à 50^{km}, les récepteurs placés à
cette distance ne fonctionneront que s'ils sont *à peu près* à l'u-
nisson du transmetteur; mais dans un rayon de 5^{km}, par exemple,
tous les cohéreurs, accordés ou non, seront également impres-
sionnés. Et même à grande distance, il ne faudra pas de longs
tâtonnements pour obtenir un unisson suffisant.

En revanche, les nouveaux procédés suffiront peut-être pour
éviter la confusion des signaux émanés d'un certain nombre
d'antennes voisines.

Signalons en passant que, dans ces derniers temps, M. Tissot a
pu transmettre des signaux de Télégraphie sans fil, *sans employer
de cohéreur*, mais en se servant du *bolomètre* décrit plus haut
page 31. Cet appareil, étant sensible à l'ébranlement moyen et
non pas à l'ébranlement maximum, comme le cohéreur, permet
d'obtenir une résonance beaucoup plus parfaite.

5. Télégraphie sans fil transatlantique. — Il y a quelque
temps, M. Marconi annonça qu'il avait pu communiquer depuis
la pointe de Cornouailles, en Angleterre, jusqu'à Terre-Neuve.
Bien que le résultat obtenu entre la Corse et la Côte d'Azur eût
déjà préparé les esprits, la nouvelle ne fut pas accueillie sans
scepticisme. Bientôt, on apprit que la même station de Poldhu,
en Cornouailles, avait communiqué avec un navire italien, le
Carlo-Alberto, dans la rade de Spezzia. La distance était à peu
près trois fois moindre, mais la difficulté était presque la même,
car la communication par mer est toujours plus facile que par
terre et, dans ce cas, on avait à franchir l'obstacle opposé par le
massif central de la France.

Cette fois, le doute était plus difficile; car les témoins n'étaient
plus uniquement des lanceurs d'affaires, et il aurait fallu s'assurer
la complicité des officiers du navire de guerre italien. D'ailleurs,

des postes intermédiaires avaient reçu en route la dépêche qui ne leur était pas destinée, ce qui prouvait, à la fois, que cette dépêche n'était pas une simple mystification et que les dispositifs de syntonie les plus perfectionnés ne suffisent pas pour assurer le secret des correspondances. En même temps, ces postes intermédiaires indiscrets nous révélaient un détail que les comptes rendus officiels avaient oublié de mentionner, c'est qu'il fallut répéter le télégramme pendant 55 heures de suite, et que ce n'est qu'au bout de ce temps que le poste destinataire reçut le signal.

On n'a pu encore établir de communication régulière entre les deux continents, mais on va presque à moitié chemin, de sorte que les bâtiments restent pendant presque toute la traversée en communication avec le monde civilisé.

La difficulté est double; d'abord, l'énergie transmise varierait en sens inverse du carré des distances, même s'il n'y avait pas d'obstacle. Ensuite, l'obstacle opposé par la rotondité de la Terre augmente avec la distance, de sorte que la proportion d'énergie diffractée sera d'autant plus faible que la distance sera plus grande. Néanmoins, il semble que cette double difficulté a été vaincue ; est-ce simplement grâce à l'énorme puissance des appareils, à l'emploi des grandes longueurs d'onde, à la sensibilité du cohéreur; il n'est pas impossible de l'admettre, si l'on se rappelle ce que nous avons dit plus haut, à la page 37; ou bien la théorie est-elle en défaut et devient-elle insuffisante pour rendre compte des faits; ou bien, enfin, la lumière hertzienne va-t-elle se réfléchir sur les couches supérieures de l'atmosphère, qui seraient assez raréfiées pour être conductrices, comme je l'explique aussi à la page 37.

Comment ces résultats ont-ils été obtenus? il semble que ce soit surtout en accroissant énormément la puissance et toutes les dimensions.

1° Le cohéreur ordinaire a été remplacé par le détecteur magnétique dont j'ai dit un mot à la page 38.

2° L'antenne unique est remplacée par un faisceau divergent de 400 câbles d'une centaine de mètres de longueur. Ces câbles sont tendus obliquement, de telle sorte que l'extrémité supérieure est à 70ᵐ au-dessus du sol.

3° L'appareil producteur se compose d'un alternateur de 2000 volts et de 50 kilowatts: le courant est envoyé dans le primaire d'un transformateur ; l'alternateur joue le rôle de la pile génératrice des appareils ordinaires et le primaire du transformateur joue le rôle du primaire de la bobine de Ruhmkorff. Le secondaire de ce transformateur, qui porte la tension à 2000 volts et qui joue le rôle du secondaire de la bobine, est relié à un excitateur primaire analogue à l'excitateur CDME de la figure 8.

Mais cet excitateur n'agit pas directement par induction sur le circuit de l'antenne, comme dans le transmetteur représenté sur la figure. Il agit sur un second excitateur qui, à son tour, agit sur le circuit de l'antenne.

La tension étant de 20000 volts et la capacité des condensateurs de 1 microfarad : si cette provision d'énergie correspondante est dépensée en $\frac{1}{100000}$ de seconde, cela correspond à une puissance de 40000 kilowatts ou près de 50000 chevaux ; elle est donc près de 2000 fois plus forte que dans les expériences Corse-Antibes : on s'explique ainsi qu'elle permette d'atteindre une portée vingt fois plus grande.

6. Télégraphie dirigée. — On a fait, dans ces derniers temps, certains efforts pour concentrer la plus grande partie de l'énergie produite dans une direction déterminée. Il est évident qu'on gagnerait ainsi de grands avantages, puisque la majeure partie de l'énergie est généralement perdue. Pour obtenir ce résultat, on s'est servi d'antennes d'une forme particulière ou bien on a voulu profiter des interférences entre les ondes émises par deux ou plusieurs antennes. Il peut se faire en effet que, dans une certaine direction, ces ondes puissent être en accord et se renforcer mutuellement, tandis que dans d'autres directions, à cause de la différence des chemins parcourus, elles soient en opposition et se détruisent. Les résultats obtenus sont, jusqu'ici, incomplets et provisoires.

On a cherché dans ces derniers temps à appliquer à la Télégraphie sans fil le système Poulsen de l'arc chantant dont nous avons parlé à la fin du Chapitre XIII. L'amortissement ayant disparu, on peut espérer que la syntonie sera plus facile.

FIN.

PARIS. — IMPRIMERIE GAUTHIER-VILLARS,
Quai des Grands-Augustins, 55.

LIBRAIRIE GAUTHIER-VILLARS,
QUAI DES GRANDS-AUGUSTINS, 55, A PARIS (6ᵉ).

Envoi franco dans toute l'Union postale contre mandat-poste ou valeur sur Paris

SCIENTIA

Exposé et Développement des Questions scientifiques à l'ordre du jour.

Recueil publié sous la direction de MM. APPELL, D'ARSONVAL, HALLER, LIPPMANN, POINCARÉ, Membres de l'Institut, *pour la Partie Physico-Mathématique*, et de MM. D'ARSONVAL, GAUDRY, GUIGNARD, Membres de l'Institut; HENNEGUY, Professeur au Collège de France, *pour la Partie Biologique*.

Chaque fascicule comprend de 80 à 100 p. in-8 (19-12), avec cartonnage spécial.

Prix du fascicule............ **2 francs**.

A côté des revues périodiques spéciales, enregistrant au jour le jour le progrès de la Science, il nous a semblé qu'il y avait place pour une nouvelle forme de publication, destinée à mettre en évidence, par un exposé philosophique et documenté des découvertes récentes, les idées générales directrices et les variations de l'évolution scientifique.

A l'heure actuelle, il n'est plus possible au savant de se spécialiser; il lui faut connaître l'extension graduellement croissante des domaines voisins : mathématiciens et physiciens, chimistes et biologistes ont des intérêts de plus en plus liés.

C'est pour répondre à cette nécessité que, dans une série de monographies, nous nous proposons de mettre au point les questions particulières, nous efforçant de montrer le rôle actuel et futur de telle ou telle acquisition, l'équilibre qu'elle détruit ou établit, la déviation qu'elle imprime, les horizons qu'elle ouvre, la somme de progrès qu'elle représente.

Mais il importe de traiter les questions, non d'une façon dogmatique, presque toujours faussée par une classification arbitraire, mais dans la forme vivante de la raison qui débat pas à pas le problème, en détache les inconnues et l'inventorie avant et après sa solution, dans l'enchaînement de ses aspects et de ses conséquences. Aussi, indiquant toujours les voies multiples que suggère un fait, scrutant les possibilités logiques qui en dérivent, nous efforcerons-nous de nous tenir dans le cadre de la méthode expérimentale et de la méthode critique.

Nous ferons, du reste, bien saisir l'esprit et la portée de cette nouvelle collection, en insistant sur ce point, que la nécessité d'une publication y sera toujours subordonnée à l'opportunité du sujet.

I

Série physico-mathématique.

(Adresse: les Communications à M. Ad. Brul.)

1. (Épuisé).
2. MACBRAIN (Ch.). *Le magnétisme du fer.*
3. FREUNDLER (P.). *La Stéréochimie.*
4. APPELL (P.). *Les mouvements de roulement en Dynamique.*
5. COTTON (A.). *Le phénomène de Zeemann.*
6. WALLERANT (Fr.). *Groupements cristallins: propriétés et optique.*
7. LAURENT (H.). *L'élimination.*
8. RAOULT (F.-M.). *Tonométrie.*
9. DECOMBE (L.). *La célérité des ébranlements de l'éther.*
10. VILLARD (P.). *Les rayons cathodiques*
11. BARBILLION (L.) *Production et emploi des courants alternatifs.*
12. HADAMARD (J.) *La série de Taylor et son prolongement analytique.*
13. RAOULT (F.-M.). *Cryoscopie.*
14. MACÉ DE LÉPINAY (J.). *Franges d'interférences et leurs applications métrologiques.*
15. BARBARIN (P.). *La Géométrie non-euclidienne.*
16. NECULCEA (E.). *Le phénomène de Kerr.*
17. ANDOYER (H.). *Théorie de la Lune.*
18. LEMOINE (E.). *Géométrographie.*
19. CARVALLO (E.). *L'électricité déduite de l'expérience et ramenée aux principes des travaux virtuels.*
20. LAURENT (H.). *Sur les principes fondamentaux de la Théorie des nombres et de la Géométrie.*
21. DECOMBE (L.). *La compressibilité des gaz réels.*
22. GIBBS (J.-W.). *Diagrammes et surfaces thermodynamiques.*
23. POINCARÉ (H.). *La théorie de Maxwell et les oscillations hertziennes. La télégraphie sans fil.*
24. COUTURAT (L.). *L'Algèbre de la Logique.*
25. GUICHARD (C.). *Sur les systèmes triplement indéterminés et sur les systèmes triple-orthogonaux.*
26. DE METZ (G.). *La double réfraction accidentelle dans les liquides.*
27. PETROVITCH (M.). *La Mécanique des phénomènes fondée sur les analogies.*
28. BOUASSE (H.). *Les bases physiques de la Musique.*
29. ADHÉMAR (R. D'). *Les équations aux dérivées partielles à caractéristiques réelles.*

Série biologique.

1. BARD (L.). *La spécificité cellulaire.*
2. LE DANTEC (F.). *La sexualité.*
3. FRENKEL (H.). *Les fonctions rénales.*
4. BORDIER (H.). *Les actions moléculaires dans l'organisme.*
5. ARTHUS (M.). *La coagulation du sang.*
6. MAZE (P.). *Évolution du carbone et de l'azote.*
7. COURTADE (D.). *L'irritabilité dans la série animale.*
8. MARTEL (A.). *Spéléologie.*
9. BONNIER (P.). *L'orientation.*
10. GRIFFON (Ed.). *L'assimilation chlorophyllienne et la structure des plantes.*
11. BOHN (G.). *L'évolution du pigment.*
12. CONSTANTIN (J.) *Hérédité acquise.*
13. MENDELSSOHN (M.). *Les phénomènes électriques chez les êtres vivants.*
14. IMBERT (A.). *Mode de fonctionnement économique de l'organisme.*
15. 16. LEVADITI (C.). *Le leucocyte et ses granulations.*
17. ANGLAS (J.). *Les phénomènes des métamorphoses internes.*
18. MOUNEYRAT (Dr A.). *Purine et ses dérivés.*

— 3 —

SÉRIE PHYSICO-MATHÉMATIQUE.

N° 2. — **Le magnétisme du fer** (1899); par Cн. Maurain, ancien Élève de l'École normale supérieure, Agrégé des Sciences physiques, Docteur ès sciences.

Chap. I. *Phénomènes généraux.* Courbes d'aimantation. Procédés de mesure. Etude des particularités des courbes d'aimantation. Influence de la forme. Champ démagnétisant. Aimantation permanente. — Chap. II. *Etude particulière du fer, de l'acier et de la fonte.* — Chap. III. *Aimantation et temps.* Influence des courants induits. Retard dans l'établissement de l'aimantation elle-même. Aimantation anormale. Aimantation par les oscillations électriques. — Chap. IV. *Energie dissipée dans l'aimantation.* Influence de la rapidité de variation. Loi de Steinmetz. Variation de la dissipation d'énergie avec la température. Hystérésis dans un champ tournant. — Chap. V. *Influence de la température.* — Chap. VI. *Théorie du Magnétisme.*

N° 3. — **La Stéréochimie** (1899); par P. Freundler, Docteur ès sciences, Chef de travaux pratiques à la Faculté des Sciences de Paris.

Chap. I. *Historique.* — Chap. II. *Le carbone tétraédrique.* Notion du carbone tétraédrique. Principe fondamental. Chaînes ouvertes. Principe de la liaison mobile. Position avantagée. Double liaison et triple liaison. Isomérie éthylénique. Chaînes fermées. Théorie des tensions. Applications diverses de la notion du carbone tétraédrique. — Chap. III. *Le carbone asymétrique.* Notion du carbone asymétrique. Principes fondamentaux. Chaînes renfermant plusieurs carbones asymétriques; racémiques et indédoublables. Chaînes fermées. Vérifications expérimentales et applications de la notion du carbone asymétrique. Relations entre la dissymétrie moléculaire et la grandeur du pouvoir rotatoire. Produit d'asymétrie. Relations entre la dissymétrie moléculaire et la dissymétrie cristalline. — Chap. IV. *La stéréochimie de l'azote.* Représentation schématique de l'atome d'azote. Isomères géométriques de l'azote. L'azote asymétrique. — Chap. V. *Stéréochimie et Tautométrie.* — Bibliographie. Ouvrages classiques. Principaux Mémoires.

N° 4. — **Les mouvements de roulement en Dynamique** (1899); par P. Appell, de l'Institut.

Chap. I. *Quelques formules générales relatives au mouvement d'un solide.* Quelques théorèmes de Cinématique. Formules. Applications. Accélération du point. Mouvement d'un corps solide autour d'un point fixe. Cas particuliers. Mouvement d'un corps solide libre. — Chap. II. *Roulements.* Roulement et pivotement d'une surface mobile sur une surface fixe. Conditions physiques déterminant le roulement et le pivotement d'une surface mobile sur une surface fixe. Force vive d'un corps solide animé d'un mouvement de roulement et pivotement. Equation du mouvement du corps. — Chap. III. *Applications.* Applications. Roulement d'une sphère sur une surface. Exemples. Equations du mouvement d'un solide pesant assujetti à rouler et pivoter sur un plan horizontal. Roulement et pivotement d'un corps pesant de révolution sur un plan horizontal. Applications. Recherches de M. Carvallo. Problème de la bicyclette. — CHAP. IV. *Mécanique analytique. équations de Lagrange.* Le roulement est une liaison qui ne peut pas s'exprimer en général par des équations en termes finis. Application de l'équation générale de la Dynamique. Emploi des équations de Lagrange. Impossibilité d'appliquer directement les équations de Lagrange au nombre minimum des paramètres. — I. Sur les mouvements de roulement. — II. Sur certains systèmes d'équations aux différentielles totales.

N° 5. — Le phénomène de Zeeman (1899); par A. COTTON, Maître de conférences de Physique à l'Université de Toulouse.

CHAP. I. *Etude des raies spectrales.* Unités. Réseaux. Pouvoir séparateur. Spectroscope à échelons. Interféromètre. Appareil de MM. Pérot et Fabry. Conclusion. Remarque pratique. — CHAP. II. *Changements que peuvent subir les raies.* Changements dans l'aspect des raies. Constitution des raies. Changements de longueur d'onde. Effet Döppler-Fizeau. Déplacements produits par des changements de pression. — CHAP. III. *Découverte du changement magnétique des raies.* Expériences de M. Chautard. Expériences de Faraday. Expériences de M. Tait. Expériences de Fiévez. Expériences de Zeeman. Intervention de la théorie de Lorentz. — CHAP. IV. *Changement des raies d'émission parallèlement aux lignes de force.* Doublet magnétique. Polarisation circulaire des raies du doublet. Règle de MM. Cornu et Kœnig. Constitution des deux raies du doublet. — CHAP. V. *Changements observés perpendiculairement aux lignes de force.* Polarisation rectiligne des raies modifiées. Vibrations perpendiculaires aux lignes de force. Vibrations parallèles aux lignes de force. Premier cas : triplet normal. Deuxième cas : quadruplet. Troisième cas : la raie centrale est un triplet. Conclusion. Note sur un point de théorie. — CHAP. VI. *Comparaison des diverses raies.* Etude qualitative. Comparaison quantitative. Règle de M. Preston. Mesures absolues. — CHAP. VII. *Le phénomène de Zeeman et l'absorption.* Règle de Kirchhoff. Expériences sur le phénomène de Zeeman, sans spectroscope. Etude du changement magnétique des raies renversées. Expériences d'Egoroff et Georgiewky. Travail de Lorentz. — CHAP. VIII. *Propagation de la lumière dans un champ magnétique.* Le faisceau émergeant à la même longueur d'onde. Polarisation rotatoire magnétique. Propagation des vibrations circulaires. Dispersion rotatoire. Faisceau incliné sur les lignes de force. Réflexion sur les miroirs aimantés. — CHAP. IX. *Nouvelles expériences se rattachant au phénomène de Zeeman.* Expérience de M. Righi. Expériences de MM. Macaluso et Corbino. Dispersion anormale des vapeurs de sodium (H. Becquerel). Explication de l'expérience de MM. Macaluso et Corbino. — CHAP. X. *Autres expériences.* Expérience avec le sodium, perpendiculairement au champ. Expérience de M. Voigt. Explication de la biréfringence magnétique. Propriétés de l'hypoazotide, des vapeurs d'iode et de bronze.

N° 6. — Groupements cristallins (1900); par FRED WALLERANT.

CHAP. I. *Généralités sur la structure des corps cristallisés.* — CHAP. II. *Historique.* — CHAP. III. *Du rôle des éléments de symétrie de la particule dans la formation des groupements.* — CHAP. IV. *Classification des groupements.* — CHAP. V. *Groupements binaires autour d'un axe ternaire.* — CHAP. VI. *Groupements parfaits.* — CHAP. VII. *Groupements imparfaits.* Cristaux ternaires. Staurotides. Feldspaths. — CHAP. VIII. *Groupements obtenus par actions mécaniques.* Déformation des réseaux. Déformation de la particule complexe.

N° 7. — L'élimination (1900); par **A. Laurent**, Examinateur à
l'École Polytechnique.

Chap. I. *Élimination entre deux équations.* Notions préliminaires. Développement d'une fonction rationnelle. Formules de Newton. Définition du
résultant. Seconde méthode. Troisième méthode. Quatrième méthode. Cin-
quième méthode. Sixième méthode. Indications d'autres méthodes. Résolution
d'un système à deux inconnues. Solutions multiples. Solutions singulières.
Condition pour que trois équations aient une solution commune. — Chap. II.
Élimination dans le cas général. Équivalences. Résolution de trois équations.
Théorème de Bezout. Méthode de Bezout. Théorème de Jacobi. Les fonctions
symétriques. Nouvelle méthode. Les fonctions interpolaires. Résultante. Son
expression explicite. Étude des propriétés de la résultante. Méthode d'élimination de Labatie et analogues. Équations homogènes. Solutions doubles.
Autre exemple de simplifications. Autre exemple. Étude d'une équation remarquable. Discriminants. Propriétés des solutions communes. Reconnaître
si un polynome est réductible. Développement en série. Extension partielle
aux équations transcendantes. Appendice.

N° 8. — Tonométrie (1900); par **F.-M. Raoult**, Membre correspondant de l'Institut, Doyen de la Faculté des Sciences de
Grenoble.

Introduction : *Symboles et définitions.* — Chap. I. *Méthodes d'observation.* Description spéciale de la méthode dynamique ou d'ébullition. Causes
d'erreur, moyen de les éviter. Ébullioscope de Raoult. Description de la méthode statique. Tonomètres différentiels de Bremer, de Dieterici. Méthodes
hygrométrique, volumétrique, gravimétrique. Degré d'approximation. —
Chap. II. *Étude des non-électrolytes.* La diminution de tension de vapeur
dans ses rapports avec la température. La diminution de tension de vapeur
dans ses rapports avec l'abaissement du point de congélation. La diminution
de tension de vapeur dans ses rapports avec l'élévation du point d'ébullition.
La diminution de tension de vapeur dans ses rapports avec la concentration.
La diminution de tension de vapeur dans ses rapports avec la nature des
corps dissous et des dissolvants. La diminution de tension de vapeur dans ses
rapports avec la densité de vapeur. Détermination tonométrique des densités
de vapeurs saturées. — Chap. III. *Suite des non-électrolytes.* La loi de
Raoult dans ses rapports avec l'élévation du point d'ébullition. Détermination
tonométrique des chaleurs latentes de vaporisation. Détermination tonométrique des poids moléculaires des non-électrolytes. Emploi de la méthode
statique. Emploi de la méthode dynamique. Corrections. Emploi du mercure
comme dissolvant (Ramsay). — Chap. IV. *Étude des électrolytes.* Étude des
dissolutions des sels dans l'eau. Influence de la concentration, de l'ionisation,
de l'hydratation, de la température. — Chap. V. *Suite des électrolytes.*
Dissolutions des sels dans l'alcool. Dissolutions des sels dans l'éther, l'acé-
tone, etc. État des sels dans leurs dissolutions étendues, dans leurs dissolutions concentrées. Résultats fournis par la tonométrie pour les poids moléculaires des sels. — Bibliographie.

N° 9. — La célérité des ébranlements de l'éther (1900); par
L. Décombe, Docteur ès sciences.

Introduction. — Chap. I. *Considérations générales sur l'éther.* Classification des phénomènes physiques. Anciens fluides. Origine commune. Synthèse
des forces physiques. Conservation de l'énergie. Nature des forces physiques

Propagation dans le vide. Propagation par transparence. Hypothèse de l'éther.
— Chap. II. *Histoire de l'éther. Lumière :* Théorie de l'émission. Théorie
des ondulations. Principe d'Huygens. Principe de Young. Travaux de Fresnel.
Expérience de Foucault. Périodes de vibrations. *Chaleur :* Théories de
l'émission. Calorique. Rayons de différentes espèces. Spectre calorique. Unité
du spectre. Radiations chimiques. Analogies optiques. Nature de la chaleur.
Limites extrêmes du spectre. *Électricité :* Polarisation rotatoire magnétique.
Nombre *v* de Maxwell. Théorie électromagnétique de la lumière. — Chap. III.
Les oscillations hertziennes. Formule de Thomson. Champs oscillants. Expé-
riences de Feddersen. Excitateur. Excitateur de Hertz. Excitateur de Lodge.
Excitateur de Blondlot. Résonnateur. Propagation le long d'un fil. Transpa-
rence électromagnétique. Réflexion métallique. Réfraction. Interférences élec-
tromagnétiques. Interférences dans l'espace. Interférences le long des fils.
Expériences de Righi. Polarisation. Double réfraction. Télégraphie sans fils.
Radioconducteur de Branly. Conclusions. — Chap. IV. *La formule de Newton.*
Hypothèses. Centre de vibration. Ondes sphériques. Transversalité des vibrations. Ondes planes. Formule de Newton. Influence du milieu. Théorie de
Fresnel. Théorie de Neumann et de Mac-Cullagh. Réfraction. Dispersion. Cas
des phénomènes électriques. Pouvoir inducteur spécifique. Perméabilité magnétique — Chap. V. *La vitesse de la lumière.* — Chap. VI. *La vitesse de
l'électricité.* — Chap. VII. *La vitesse de propagation de l'onde électromagnétique.* — Chap. VIII. *La dispersion dans le vide.* — Chap. IX. *L'éther
de Maxwell.*

N° 10. — Les rayons cathodiques, 2ᵉ édition (1908); par P. Vil-

lard, Docteur ès sciences. (*Sous presse.*)

Chap. I. *Appareils.* Appareils à raréfier les gaz. Préparation de l'oxygène
pur. Préparation de l'hydrogène (osmo-régulateur). Sources d'électricité. —
Chap. II. *Phénomènes électriques dans les gaz raréfiés.* Lumière positive.
Gaine négative. Espace obscur de Hittorf. Résistance électrique des ampoules.
Loi de Paschen. Distribution du potentiel dans la décharge dans les gaz. Pro-
priétés des cathodes incandescentes. — Chap. III. *L'émission cathodique.* Découverte des rayons cathodiques. Le faisceau cathodique. — Chap. IV. *Élec-
trisation des ampoules cathodiques.* Chute cathodique aux basses pressions.
Capacité des tubes à décharges. — Chap. V. *Propriétés des rayons cathodiques.*
Phénomène de phosphorescence. Effets mécaniques. Effets caloriques. Émission
des rayons Rœntgen. Propagation rectiligne des rayons cathodiques. — Chap.
VI. Les rayons X. Production et propriétés des rayons X. — Chap. VII. *Électrisation des rayons cathodiques.* Émission et électrisation. Expériences de
M. J. Perrin. — Chap. VIII. *Actions électrostatiques.* Action d'un champ
électrique sur les rayons cathodiques. Calcul de la déviation. Absence d'action
réciproque entre deux rayons cathodiques. — Chap. IX. *Action d'un champ
magnétique sur les rayons cathodiques.* Déviation magnétique. Calcul de la
trajectoire. — Chap. X. *Vitesse des rayons cathodiques.* Méthodes indirectes
de J.-J. Thomson. Expérience de M. Kaufmann et de M. Simon. Expérience
de M. E. Wiechert. — Chap. XI. *Hétérogénéité des rayons cathodiques.* Expérience de M. Birkeland. Dispersion électrostatique. Expérience de M. Des-
landres. Cause de la dispersion électrique ou magnétique. Discontinuité de
l'émission cathodique. — Chap. XII. *Actions chimiques des rayons cathodiques.* Colorations produites par les rayons. Photo-activité des sels colorés
par les rayons. Phénomènes de réduction. Production d'ozone. — Chap. XIII.
Phénomènes divers. Cas particulier d'émission cathodique. Passage des rayons
au travers des lames minces. Diffusion des rayons cathodiques. Réflexion et
réfraction apparentes. Évaporation électrique. Phénomènes d'oscillation dans
les tubes à décharge.. Kanal-strahlen ou rayons de Goldstein. Rayons cathodiques à charge positive. — Chap. XIV. *La formation des rayons cathodiques.* Rôle de l'électrisation des parois. Afflux cathodique. Soupapes électriques. Émission. Propagation.

N° 11. — Production et emploi des courants alternatifs (1901); par L. BARBILLION, Docteur ès sciences.

Introduction. -- CHAP. I. *Rappel des quelques notions théoriques relatives à l'induction électromagnétique et aux machines à courant continu.* Phénomènes d'induction. Machines dynamo-électriques à courant continu. — CHAP. II. *Étude d'un courant alternatif.* Caractéristique d'un courant alternatif. Etude d'un circuit parcouru par un courant alternatif simple sinusoïdal. Courant polyphasé et champ tournant. — CHAP. III. *Classification des machines d'induction. Expression du travail électromagnétique développé dans une machine d'induction.* — CHAP. IV. *Machines génératrices à courants alternatifs.* — CHAP. V. *Moteurs à courants alternatifs.* Moteurs asynchrones. Moteurs asynchrones polyphasés. Moteurs asynchrones monophasés. Comparaison des moteurs synchrones et asynchrones. Moteurs monophasés. Moteurs polyphasés. — CHAP. VI. *Transformation du courant.* Transformateurs statiques. Convertisseurs rotatifs. Commutatrices.

N° 12. — La série de Taylor et son prolongement analytique (1901); par JACQUES HADAMARD.

Propriétés fondamentales des fonctions analytiques. — Nature et difficulté du problème. — Méthodes directes. — Les séries qui admettent le cercle de convergence comme ligne singulière. — Recherches des singularités de nature déterminée. — Méthodes d'extension. Les séries de polynomes et le théorème de M. Mittag-Leffler. — Méthodes de transformation. — Application des principes généraux du calcul fonctionnel. — Généralisations diverses. — Applications. — Conclusions. — Bibliographie.

N° 13. — Cryoscopie (1901); par F.-M. RAOULT, Membre correspondant de l'Institut, Doyen de la Faculté des Sciences de Grenoble.

Ire Partie. *Principes généraux.* Symboles et définitions. Historique. Phénomènes qui accompagnent la congélation. Surfusion. Généralités sur la température de congélation des mélanges liquides. Nature de la glace formée dans les dissolutions. Solutions solides. Température de congélation des dissolutions. Causes d'erreur. Corrections. Influence de la température de l'enceinte. Influence de l'étui de glace, de l'agitation, de l'air dissous. — IIe Partie. *Méthode d'observation.* Cryoscopes usuels de Raoult, Paterno et Nasini, Amvers, Beckmann, Eykmann. Cryoscopes de précision de Roloff, Jones, Wildermann, Obegg, Laomis. Cryoscope de précision de Raoult. Dispositif pour les températures élevées. — IIIe Partie. *Cryoscopie des non-électrolytes* (substances organiques). Influence de la concentration. Influence de la nature des corps dissous. Loi de Raoult. Sa généralité. Anomalies. Influence de la nature des dissolvants; loi de Raoult-Van't-Hoff. Détermination des poids moléculaires. Cryoscopie des composés minéraux non-électrolytes. Constitution des corps moléculaires dissous (métaux, métalloïdes, composés organiques). — IVe Partie. *Cryoscopie des électrolytes* (composés salins). Influence de la concentration. Poids moléculaire des sels dans d'autres dissolvants que l'eau.

N° 14. — Franges d'interférence et leurs applications métrologiques (1902); par J. MACÉ DE LÉPINAY, Professeur à la Faculté des Sciences de Marseille.

Ire Partie. CHAP. I. Production des franges d'interférence. — CHAP. II. Appareils interférentiels. — CHAP. III. Sur l'emploi des sources lumineuses étendues.

N° 15. — La Géométrie non-euclidienne, 2° édition (1907); par P. Barbarin.

N° 16. — Le phénomène de Kerr (1902); par E. Néculcéa.

N° 17. — Théorie de la Lune (1902); par H. Andoyer, Professeur adjoint à la Faculté des Sciences de l'Université de Paris.

Nº 18. — Géométrographie ou Art des constructions géométriques (1902), par E. LEMOINE.

Avant-propos. — Iʳᵉ **Partie**. But de la Géométrographie. Construction des problèmes classiques. — **IIᵉ Partie**. Problèmes relatifs aux pôles et polaires, aux axes et aux centres radicaux, à la moyenne géométrique entre deux droites. Le rapport anharmonique ; l'involution. Symboles du *Streckenübertrager* de M. Hilbert. — Appendice.

Nº 19. — L'électricité déduite de l'expérience et ramenée aux principes des travaux virtuels. 2ᵉ édition (1907) ; par E. CARVALLO, Docteur ès sciences, Agrégé de l'Université, Examinateur de Mécanique à l'Ecole Polytechnique.

Préface. — Iʳᵉ PARTIE. **Les courants d'induction d'après Helmholz et Maxwell.** — Introduction. — CHAP. I. *Théorie de Helmholz.* Fonction des forces électromagnétiques. Induction magnétique. Équation de l'énergie. Force électromotrice induite. Self-induction. Courants en régime variable Interprétations mécaniques. — CHAP. II. *Équation générale de la Dynamique.* Théorème des travaux virtuels. Travail des forces d'inertie Équations de Lagrange. — CHAP. III. *Théorie de Maxwell.* Les courants induits d'après Maxwell. Recherches de Maxwell sur l'énergie cinétique des courants mobiles. Du rôle des aimants dans la théorie de Maxwell, d'après M. Sarrau. — Conclusions de la première Partie.

IIᵉ PARTIE. **L'électricité ramenée au principe des travaux virtuels.** — Introduction. — CHAP. I. *Théorie de l'électricité dans les corps en repos.* Extension des lois de Kirchhoff aux conducteurs à trois dimensions. Extension des lois de Kirchhoff au régime variable et aux diélectriques. Équations générales de l'Electrodynamique dans les corps en repos. Le problème de l'Électrodynamique et l'Électro-optique. Énergie électrique. — CHAP. II. *Théorie de l'électricité dans les corps en mouvement.* La théorie de Maxwell et la roue de Barlow. Lois de l'inertie électrique. Électrodynamique des corps en mouvement. — Conclusion générale.

Nº 20. — Sur les principes fondamentaux de la théorie des nombres et de la Géométrie (1902) ; par H. LAURENT, Examinateur à l'Ecole Polytechnique.

Introduction. — Égalité et addition. — Quantités. — Propriétés des quantités. — Les nombres. — Multiplication et division. Les incommensurables. — Logarithmes. — **Conclusion.** — La pangéométrie. — Les espaces et leurs dimensions. — Déplacements euclidiens. — Distances. — Figures égales. — Ligne droite. — Angles. — Trigonométrie. — Perpendiculaire commune à plusieurs droites. — Contacts. — Longueurs. — Pangéométrie sphérique. — Trigonométrie sphérique. — Pangéométrie hyperbolique. — La géométrie euclidienne. — **Résumé.**

Nº 21. — La compressibilité des gaz réels (1903) ; par L. DÉCOMBE, Docteur ès sciences.

La loi de Mariotte. — Compressibilité des gaz aux pressions élevées. — Compressibilité des gaz aux faibles pressions. — Influence de la température sur la compressibilité des gaz. — Le point critique. — Fonction caractéristique. — Les états correspondants. — Compressibilités des mélanges gazeux.

N° 22. — Diagrammes et surfaces thermodynamiques (1903); par J.-W. Gibbs. Traduction de G. Roy, Chef des travaux de Physique à l'Université de Dijon, avec une introduction de B. Brunhes, Professeur à l'Université de Clermont.

Méthodes graphiques dans la thermodynamique des fluides. — Méthode de représentation géométrique des propriétés thermodynamiques des corps par des surfaces.

N° 23. — La théorie de Maxwell et les oscillations hertziennes. La Télégraphie sans fil. 3ᵉ édition (1908); par H. Poincaré.

Généralités sur les phénomènes électriques. — La théorie de Maxwell. — Les oscillations électriques avant Hertz. — L'excitateur de Hertz. — Moyens d'observation. — Le cohéreur. — Propagation le long d'un fil. — Mesure des longueurs d'onde et résonance multiple. — Propagation dans l'air. — Propagation dans les diélectriques. — Production des vibrations très rapides et très lentes. — Imitation des phénomènes optiques. — Synthèse de la lumière. — Principe de la Télégraphie sans fil. — Application de la Télégraphie sans fil.

N° 24. — L'Algèbre et la Logique (1905); par Louis Couturat.

Les deux interprétations du Calcul logique. Relation d'inclusion. Définition de l'égalité. Principe d'identité. Principe du syllogisme. Définition de la multiplication et de l'addition. Principes de simplification et de composition. Loi de tautologie et d'absorption. Théorèmes de multiplication et d'addition. Première formule de transformation des inclusions en égalités. Loi distributive. Définition de o et de 1. Loi de dualité. Définition de la négation. Principes de contradiction et du milieu exclu. Loi de double négation. Seconde formule de transformation des inclusions en égalités. Loi de contraposition. Postulat d'existence. Développements de o à 1. Propriétés des constituants. Fonctions logiques. Loi du développement. Formule de De Morgan. Sommes disjointes. Propriétés des fonctions développées. Bornes d'une fonction. Formules de Poretsky. Théorème de Schröder. Résultante de l'élimination. Cas d'indétermination. Sommes et produits de fonctions. Expression d'une inclusion au moyen d'une indéterminée. Solution de l'équation à une inconnue au moyen d'une indéterminée. Élimination dans une équation à plusieurs inconnues. Théorèmes sur les valeurs d'une fonction. Conditions d'impossibilité et d'indétermination. Résolution des équations à plusieurs inconnues. Problème de Boole. Méthode de Poretsky. Loi des formes. Loi des conséquences. Loi des causes. Application de la loi des formes aux conséquences et aux causes. Exemple : Problème de Venn. Schémas géométriques de Venn. Machine logique de Jevons. Tableau des conséquences. Tableau des causes. Nombre des assertions possibles touchant n termes. Propositions particulières. Solution de l'inéquation à une inconnue. Système d'une équation et d'une inéquation. Formules spéciales au Calcul des propositions. Équivalence d'une implication et d'une alternative. Loi d'importation. Réduction des inégalités et des égalités. Conclusion. Bibliographie. Liste des signes et abréviations.

N° 25. — Sur les systèmes triplement indéterminés et sur les systèmes triple-orthogonaux (1905); par C. Guichard, Correspondant de l'Institut, Professeur à l'Université de Clermont-Ferrand.

Introduction. — Propriétés focales. Systèmes assemblés. Lois d'orthogonalité des éléments. — Systèmes points O. — Systèmes qui se rattachent aux systèmes O. — Indication de divers types de problèmes. — Les systèmes O, 4 O dans l'espace à trois dimensions. — Les systèmes O de l'espace à trois dimensions applicables sur des systèmes de l'espace à six dimensions.

N° 26. — La double réfraction accidentelle dans les liquides (1906); par G. de METZ.

La double réfraction dans les liquides, gelées et dissolutions déformés mécaniquement. — La double réfraction dans les liquides en mouvement giratoire. — La double réfraction dans les liquides déformés électriquement. — La double réfraction accidentelle dans le champ magnétique. — Aperçus théoriques sur la double réfraction accidentelle des liquides mécaniquement déformés. — De la constitution des colloïdes, des huiles et des vernis. — Aperçus théoriques sur le phénomène électro-optique de Kerr. — Identité de ce phénomène avec celui de la double réfraction accidentelle produite par la déformation mécanique des liquides.

N° 27. — La Mécanique des phénomènes fondée sur les analogies (1906); par M. PETROVITCH, Professeur à l'Université de Belgrade.

Introduction. — Considérations préliminaires sur les analogies. Esquisse d'une Mécanique générale des causes et de leurs effets. Éléments du schéma. Équations régissant l'action des causes. Définitions analytiques des fonctions X. Quelques théorèmes généraux. — Schémas représentant l'action des causes. — Aperçu sur les applications de la Mécanique générale. — Conclusions générales.

N° 28. — Bases physiques de la Musique (1906); par H. BOUASSE, Professeur à la Faculté des Sciences de Toulouse.

Introduction. — I. Hauteur des sons. Intervalles. Définition du savart. — II. Échelle des sons. Gamme à tempérament égal. Diapason normal. — III. Résonance. Théorie physique de l'oreille. — IV. Affinité des sons. Constitution de la gamme rationnelle. Principe de tonalité. Modes. — V. Consonances et dissonances. — VI. Modulation et transposition. Des tempéraments. — VII. Obtention des sons. Tolérance de l'oreille. Précision du mécanisme. — VIII. Mesure. Rythme. Instruments de percussion.

N° 29. — Les équations aux dérivées partielles à caractéristiques réelles (1907); par R. D'ADHÉMAR.

Introduction. — Équations du premier ordre à n variables indépendantes. — Équations générales du second ordre à deux variables indépendantes. — Équations du type hyperbolique à deux variables indépendantes. — Les équations générales à n variables indépendantes. Esquisse d'une théorie générale des caractéristiques. — L'équation des ondes généralisée. — Généralisations et remarques.

SÉRIE BIOLOGIQUE.

N° 1. — **La Spécificité cellulaire**, ses conséquences en Biologie générale (1900); par L. BARD, Professeur à la Faculté de Médecine de Lyon.

Introduction. — L'indifférence et la spécificité cellulaire. — La fixité héréditaire des types cellulaires dans les organismes adultes. — La constitution des espèces cellulaires au cours du développement. — La spécificité cellulaire et les grands problèmes de la biologie générale. — Index bibliographique des publications de l'auteur ayant trait à la spécificité cellulaire.

N° 2. — **La Sexualité** (1899); par FÉLIX LE DANTEC, Docteur ès sciences.

Introduction. — Phénomènes essentiels de la reproduction. — Notion de la sexualité. — Formation des produits sexuels chez les animaux supérieurs. — Les caractères sexuels secondaires. — Sexe somatique. — Sélection sexuelle. — La fécondation. — La parthénogenèse. — Le sexe du produit dans la reproduction sexuelle et la parthénogenèse. — Epoque de la détermination du sexe. — Récapitulation. — Théorie du sexe. — Conclusion.

N° 3. — **Les fonctions rénales** (1899); par H. FRENKEL, Professeur agrégé à la Faculté de Médecine de Toulouse.

Structure du rein. — L'urine. — Physiologie de la sécrétion rénale. — La sécrétion rénale interne. — Physiologie pathologique de la sécrétion rénale. — De la perméabilité et de l'insuffisance rénales. — Conclusions.

N° 4. — **Les actions moléculaires dans l'organisme** (1899); par H. BORDIER, Professeur agrégé à la Faculté de Médecine de Lyon.

Introduction. — Actions moléculaires dans les solides. — Actions moléculaires dans les liquides. — Actions moléculaires entre liquides différents. — Actions moléculaires entre solides et liquides. — Actions moléculaires entre solides et gaz. — Actions moléculaires entre liquides et gaz. — Actions moléculaires dans les gaz.

N° 5. — **La Coagulation du sang** (1900), par MAURICE ARTHUS, Professeur de Physiologie et de Chimie physiologique à l'Unisité de Fribourg (Suisse).

Nos connaissances sur la coagulation du sang vers 1890. — La présence de sels de chaux dissous dans le plasma est une condition nécessaire de la coagulation du sang. — Du rôle des sels solubles de chaux dans le phénomène de coagulation du sang. — Du fibrinferment, de sa nature, des conditions de sa production. — Des propriétés du sang non spontanément coagulable, obtenu par injection intravasculaire de protéoses, et de la cause de son incoagulabilité. — Du mode et du lieu de formation, de la nature et des propriétés de la substance anticoagulante engendrée par l'organisme du chien sous l'influence des injections intraveineuses de protéoses. — De l'immunité naturelle ou acquise contre les injections intraveineuses de protéoses. — Du pouvoir anticoagulant du sérum de sang d'anguilles, de certains extraits de tissus, de l'extrait de sangsues. — Des substances qui peuvent provoquer des coagulations intravasculaires : nucléoalbumines, venin de serpent, colloïdes de synthèse. Bibliographie.

N° 6. — Évolution du carbone et de l'azote dans le monde vivant (1899); par P. MAZÉ, Ingénieur-Agronome, Docteur ès science, Préparateur à l'Institut Pasteur.

Introduction. — Origines du carbone organique. — Origines de l'azote organique. — Dégradation de la matière organique.

N° 7. — L'Irritabilité dans la série animale (1900); par le D' DENIS COURTADE, ancien Interne des hôpitaux, ancien chef de laboratoire à la Faculté de Médecine, Lauréat de l'Institut.

Historique. — Morphologie, structure, histologie et composition chimique de la matière vivante. — Conditions de l'irritabilité. — L'irritabilité et ses manifestations. — Nature de l'irritabilité.

N° 8. — La Spéléologie ou Science des cavernes (1900); par E.-A. MARTEL.

Définition. — Historique. — Bibliographie. — Programme. — Origine des cavernes. — Mode d'action des eaux souterraines. — Circulation des eaux dans l'intérieur des terrains fissurés. — Les abîmes. Leur origine. — Les rivières souterraines. Leur pénétration. — L'issue des rivières souterraines. Les sources. Les résurgences. — Contamination des rivières souterraines. — La spéléologie glaciaire. — Météorologie souterraine. — Glacières naturelles. — Relations des cavités naturelles avec les filons métallifères. — Les concrétions. Stalactites et stalagmites. — Travaux pratiques. — Préhistoire. Archéologie. Ethnographie. Faune et flore souterraines.

N° 9. — L'Orientation (1900); par le D' PIERRE BONNIER.

Définition. — La notion d'espace. — Orientation subjective. Sens des attitudes segmentaires. Sens de l'attitude totale. — Rapports de l'orientation subjective avec la motricité. — Rapports de l'orientation subjective avec la sensibilité. — Orientation lointaine. — Domaine psychique de l'orientation.

N° 10. — L'Assimilation chlorophyllienne et la structure des plantes (1900); par ED. GRIFFON, Ingénieur-Agronome, Docteur ès sciences.

Introduction. — L'énergie assimilatrice et sa nature. — Plantes représentant leur structure normale. — Plantes dont la structure a été modifiée par le milieu. — Structure et assimilation. — Conclusions.

Nᵒ 11. — L'Évolution du Pigment (1901); par le Dʳ G. Bonn, Agrégé des Sciences naturelles, Préparateur à la Sorbonne.

Introduction. — De la constitution des pigments en tant que substances-chimiques produites par les granules pigmentaires. — Des granules pigmentaires en tant que producteurs des pigments. — Etude biologique des bactéries chromogènes. — Etude biologique des chloroleucites. — Etude biologique des granules pigmentaires des animaux. — Apparition des granules pigmentaires dans les organismes animaux. — Migrations, infections et contagions pigmentaires. — Modifications du pigment dans les organismes. Virages, atténuations et exaltations pigmentaires. — Evolution du pigment dans les divers groupes du règne animal. — Harmonies pigmentaires. — Conclusions.

Nᵒ 12. — L'Hérédité acquise, ses conséquences horticoles, agricoles et médicales (1901); par M.-J. Costantin.

Préface. — Etat actuel de la question. — Théorie du plasma germinatif. — Hérédité dans la reproduction asexuée. — Transformisme expérimental et agronomie. — Origine et progrès de la sélection artificielle. — Quelques objections à l'action du milieu. — Maladies. Sélection germicale.

Nᵒ 13. — Les Phénomènes électriques chez les êtres vivants (1902); par Maurice Mendelssohn.

Introduction. — Historique. — Phénomènes électriques des muscles et des nerfs. — Phénomènes électriques chez l'homme. — Phénomènes électriques de la peau et des glandes. — Phénomènes électriques des centres nerveux et des organes des sens. — Poissons électriques. — Phénomènes électriques chez les végétaux. — Théorie d'électrogenèse chez les êtres vivants. — Considérations générales. Rôle des phénomènes électriques dans les manifestations de la vie.

Nᵒ 14. — Mode de fonctionnement économique de l'organisme (1902); par le Dʳ A. Imbert, Professeur à la Faculté de Médecine de l'Université de Montpellier, Membre correspondant de l'Académie de Médecine.

Considérations générales. — Actes mécaniques généraux. — Les muscles antagonistes. — Adaptation des muscles à un fonctionnement économique. — L'énergétique animale d'après l'œuvre de Chauveau. — Conclusions.

Nᵒˢ 15-16. — Le Leucocyte et ses granulations (1902); par le Dʳ C. Levaditi, Chef du Laboratoire de bactériologie et d'anatomie pathologique de l'hôpital Brancovano (Bucharest), Lauréat de l'Institut (Académie des Sciences). Avec une préface par le professeur Paul Ehrlich, Directeur de l'Institut de Thérapeutique expérimentale de Francfort-sur-le-Mein.

Préface. — Généralités. — Méthode analytique. La morphologie et les réactions colorantes des granulations leucocytaires. — Les espèces leucocytaires du sang et des organes hématopoïétiques. Globules blancs jeunes (myélocites) et adultes. Relations entre les diverses catégories de leucocytes. — Cytogenèse des globules blancs granulés. Variations numériques des leucocytes granulés du sang. Leucocytose. — Eosinophilie hématique. — Eosinophilie locale. — Considérations générales sur les autres cellules granulées (neutrophiles, Mastzellen). La Mastzellen-leucocytose. — Importance des granulations leucocytaires. Leur caractère spécifique.

N° 17. — Les Phénomènes des métamorphoses internes (1902); par J. ANGLAS, Docteur ès sciences.

Introduction. — Transformation et métamorphose. — L'histolyse et l'histogenèse. — Etat actuel de la question. — Mécanisme et déterminisme de la métamorphose. — Histogenèse précédée d'une histolyse peu considérable. — Les processus de l'histolyse. — Les caractères de l'histolyse. — Les processus de l'histogenèse. — Le déterminisme de la métamorphose.

N° 18. La Purine et ses dérivés (1904); par le D\` A. MOUNEYRAT.

Introduction. — Historique des bases xanthiques. — Méthodes de synthèse de l'acide urique. — Constitution et nomenclature de la purine et de ses dérivés. — Méthodes de synthèse dans la série purique. — Origine et lieu de formation des bases puriques dans l'organisme animal. Variations physiologiques et pathologiques des bases puriques. Dosage des bases puriques. — Conclusions et mécanisme de formation des bases puriques dans l'organime animal.

A LA MÊME LIBRAIRIE.

LIBRAIRIE GAUTHIER-VILLARS,
QUAI DES GRANDS-AUGUSTINS, 55, A PARIS (6ᵉ).

BIBLIOTHÈQUE GÉNÉRALE DES SCIENCES

Collection de volumes in-8 (23-14) de 200 à 300 pages, avec figures, cartonnés à l'anglaise.................................... **5 fr.**

La Bobine d'induction, par H. ARMAGNAT, Chef du Bureau des Mesures électriques aux ateliers Carpentier. Volume de VI-223 pages avec 109 figures; 1905.

Histoire des Mathématiques, par Jacques BOYER. Volume de 296 pages, avec 30 figures; 1900.

Torpilles et Torpilleurs, par A. BRILLIÉ, Ingénieur des constructions navales. Volume de 204 pages, avec 48 figures et 10 planches; 1898.

La plaque photographique (gélatinobromure d'argent). Propriétés, le visible, l'invisible, par R. COLSON. Volume de 164 pages, avec figures et 1 planche en chromolithographie hors texte; 1897.

La Vinification dans les pays chauds (Algérie et Tunisie), par J. DUGAST, chef de la station œnologique d'Alger. Volume de 220 pages avec 54 figures et nombreux tableaux; 1900.

La technique des Rayons X. Manuel opératoire de la radiographie et de la fluoroscopie à l'usage des médecins, chirurgiens et amateurs de photographie, par Alexandre HEBERT. Volume de 138 pages, avec figures et 10 planches; 1897.

L'Apiculture par les méthodes simples, par R. HOMMELL, ing.-agronome. Volume de 338 pages, avec 102 figures et 5 planches; 1898.

Théorie des Ions et l'Électrolyse, par A. HOLLARD. Volume de 164 pages, avec 12 figures et 19 tableaux; 1900.

La Mathématique, *Philosophie, Enseignement*, par C.-A. LAISANT. 2ᵉ édition. Volume de 296 pages, avec 5 figures; 1898.

Mesure des températures élevées, par H. LE CHATELIER, Professeur au Collège de France, et O. BOUDOUARD, Préparateur à la Sorbonne. Volume de 220 pages, avec 52 figures; 1900.

Opinions et curiosités touchant la Mathématique, d'après les Ouvrages français des XVIᵉ, XVIIᵉ et XVIIIᵉ siècles, par G. MAUPIN, licencié ès sciences physiques et mathématiques. Volumes de 200 pages, avec figures; 1898-1902.

Le Calcul simplifié par les procédés mécaniques et graphiques, par M. D'OCAGNE. 2ᵉ édition entièrement refondue et considérablement augmentée. Volume de VIII-228 pages, avec 70 figures; 1905.

L'éclairage à l'Acétylène, historique, fabrication, appareils, applications, dangers, par G. PELLISSIER. Volume de 237 pages avec 102 figures; 1897.

Les gaz de l'atmosphère, par William RAMSAY, traduit de l'anglais par G. CHARPY, Dᵣ ès sciences. Volume de 194 pages, avec 6 figures; 1898.

Les Eaux-de-vie et Liqueurs, par X. ROCQUES, ingénieur-chimiste. Volume de 224 pages, avec 56 figures; 1898.

L'Éclairage à incandescence par le gaz et les liquides gazéifiés, par P. TRUCHOT. Volume de 255 pages, avec 70 figures; 1899.

Les Terres rares. Minéralogie, propriétés, analyse, par P. TRUCHOT. Volume de 315 pages, avec 6 figures; 1898.

L'Artillerie. *Organisation, Matériel*. France, Angleterre, Russie, Allemagne, Italie, Espagne, Turquie, par le Commandant VALLIER. Volume de 275 pages, avec 45 figures; 1899.

Équilibre des systèmes chimiques, par J. Willard GIBBS. Traduit par H. LE CHATELIER, Professeur au Collège de France. Volume de 211 pages, avec 10 figures; 1899.

39675   Paris, Imprimerie GAUTHIER-VILLARS, quai des Grands-Augustins, 55.